厦门社科丛书

厦门社科丛书

闽南民居探秘

中共厦门市委宣传部 厦门市社会科学界联合会 合编

卢志明 陈瑶 著

海峡出版发行集团
THE STRAITS PUBLISHING & DISTRIBUTING GROUP
鹭江出版社

2023年·厦门

图书在版编目（CIP）数据

闽南民居探秘 / 卢志明，陈瑶著；中共厦门市委宣传部，厦门市社会科学界联合会合编 .--厦门：鹭江出版社 ,2023.6

ISBN 978-7-5459-1965-3

Ⅰ.①闽… Ⅱ.①卢… ②陈… ③中… ④厦… Ⅲ.①民居－建筑艺术－研究－福建 Ⅳ.① TU241.5

中国国家版本馆 CIP 数据核字 (2023) 第046230号

MINNAN MINJU TANMI

闽南民居探秘

卢志明　陈　瑶　著

中共厦门市委宣传部

厦门市社会科学界联合会　合编

出版发行：鹭江出版社

地　　址：厦门市湖明路 22 号　　　　　邮政编码：361004

印　　刷：厦门集大印刷有限公司　　　　电话号码：0592-6183035

地　　址：厦门市集美区环珠路 256-260 号

　　　　　3 号厂房一至二楼

开　　本：700mm×1000mm　1/16

插　　页：2

印　　张：15.25

字　　数：198 千字

版　　次：2023 年 6 月第 1 版　2023 年 6 月第 1 次印刷

书　　号：ISBN 978-7-5459-1965-3

定　　价：68.00 元

·代序·
民居文化之深邃

　　歌德说"建筑是凝固的音乐"，我要说"民居是心灵的栖所"。

　　徜徉在闽南的红砖厝，我们能为蓝天、绿野、白云、红砖厝组成的田园牧歌所陶醉，能感受庭院中老人的絮叨，孩童的嬉闹，成人的茶叙，妇女的淘洗，体会人世间的烟火气和绵长情。

　　深入到闽南的民居之中，我们则能从斑驳的砖瓦间品味房屋主人的阶层特征、经济水准、文化倾向以及生活好尚。闽南有闽南独特的自然环境，山居与海居形不同却神相通；闽南人有闽南人的生计方式，且历不同时代而多有变迁，山林开发、海洋展足都可能给经营者带来巨大的经济利益，民居的风格中可能融合中西，民居的楹联则往往坚守本土文化的根脉。建筑匠人们可以将文化的积淀凝聚到民居建筑中，呈现出规模的大小不同，材质的高低有别以及功能的住储差异。

　　闽南民居中的居住者或是曾走南闯北的"生理人"，或是耕读传家的衍生者，或是房宅的匆匆过客，或是老死而不离的守业忠臣，在这些民居中演绎过各色人等的爱恋悲喜剧，也见证了世事的纷更，治乱的变幻，与民居中的人拉家常，能谛听到海波中闯荡者的祈神声、到达异国市井的吆喝声以及在夜深人静时或展纸致书给家人或请代书者向家人表达的思乡情绪。翻阅这些民居中收藏的族谱、家

1

训、账簿、契据，能检视出民居主人的命运沉浮、家业涨落。在闽南社会中，我们能看到积累深厚的家族共有的经济成分，也能见到家族内严重的阶层分化，贫者为佣，富者为尊。"螟蛉子""两头大"等现象更多于其他地方，也更多地表现出和谐与互补。被内地人看得神秘的跨国婚姻与家庭组合在闽南老百姓那里、悠长的历史流变之中往往显得特别地稀疏平常。一些家族开基散叶，枝繁叶茂，在海内外形成巨大而绵长的家族链，分别在政治、经济、文化、军事等领域显示自己的存在，有的形成族工、族商的规模效应，有的则士农工商各执一业，彼此烘托，也有一些家族历经兴衰，转瞬即逝。人世的变迁较快，房舍的建成与废弃则相对迟缓。数代传承下来的民居多能彰显家族的人伦关系，祠堂更成为昭穆伦序的所在。开业主居于祠堂的最高位置，后续各代神祖牌位往往严格有序，秩序井然。闽南村落时常随着外来移民的进入而不断扩大，其中也潜藏着土客关系的冲突与协调。明清时期，闽南地区从"海滨邅荒"逐渐受到王朝更多的重视，无论是海禁还是海防，政策的调整与变易，盗患纷起与贸易兴替等都可在遗留的斑驳建筑中寻找到历史演变的线索与机理。

《闽南民居探秘》一书是由民俗专家卢志明和青年史学家陈瑶联袂，组织一批青年学子完成的一项成果。他们中有对闽南文化深有体验者，也有来自他方而闯入闽南所谓"涉世尚浅者"，这样的成果容易有独特的视角，充满思辨的精神，文化的阐释往往还多有经典化的提升，或亦有稚气性的表达，但无论如何，这样的工作区别于既往建筑学家力学与功能的较多推究，更多切近闽南文化的国际交融性、层次多样性以及历史传承性，成为观察中国传统文化、西方近代文化相互接触、融合乃至化为一体的最佳窗口。那些红砖厝、番仔楼、乌烟厝既张扬着洋装与斗笠间的交响，又凸显了房屋主人的心灵依归与文化审美。

本书图文并茂，文字畅达，图来自一线自拍，文字出自众口的切身体验，最后经两位主纂者整合，或探秘，或体验，或管窥，角度多重，美寓其中。闽南民居的建筑材料来自山间和海边，取材自然，建筑外形则千姿百态，各领风骚，一座建筑自成一个独立天地，一串建筑则组合成美妙的交响曲。闽南的村落由民居、祠堂、庙宇、戏台等多重元素组成，其中的水口、山形水势讲究均蕴含了丰富的文化内容，天人合一的理念包藏其中。人们常说"南音是中华古老文化的活化石"，其实，在闽南人的建筑选址、建材利用以及树木栽植中，我们都能体会到"礼失而求诸野"的深刻含义。

感谢卢志明和陈瑶两位老师的美意，聊铺陈短句数行，算作小序。

王日根

于厦门大学滨海居敬室

2021年7月16日

目录

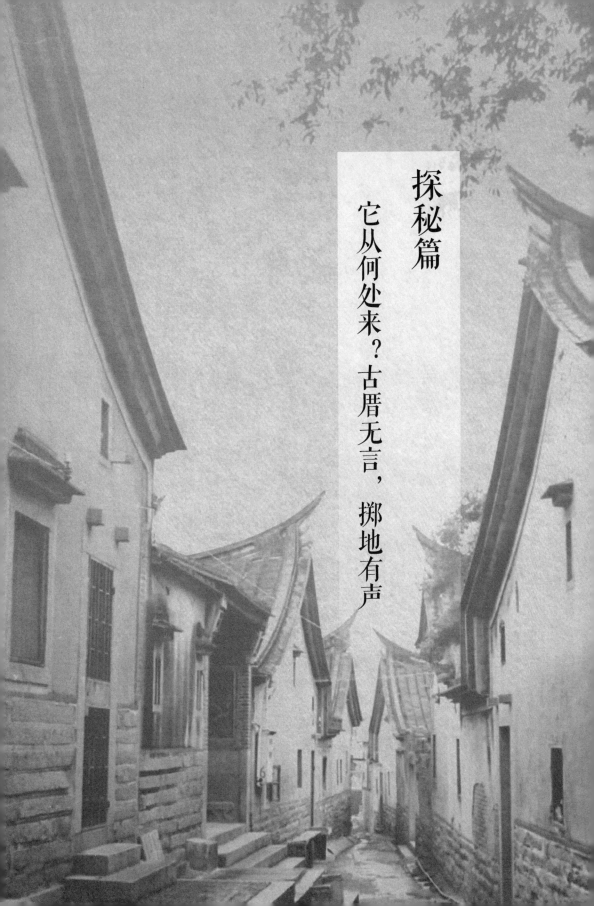

探秘篇

它从何处来？古厝无言，掷地有声

打开闽南的山水画卷，实际上是一幅波澜壮阔的山海之图。长期以来，闽南人以弄潮儿的精神，爱拼敢赢的作为，书写了自己的人文历史。历史最终必须有一个载体来传承，最丰富的莫过于民居。在历史的长河中，闽南民居建筑种类繁多。我们更多地聚焦在红砖民居的建筑文化上，它是由闽南的地理条件衍生出的人文现象。

山海毓秀起民居

第一节　闽南地理　造就民居

　　闽南有独特的自然之美。早在明代，这里的名山秀水和山海特色，就已进入史学家的视野。明代《大明一统志》就这样描述闽南的地理形胜：漳州府乃"闽岭奥区，东南际海，境旷穷山外，城摽涨海边，在闽会之极南，一水清流，列峰秀出，地兼山海秀"①。而泉州府则"川逼滇渤，山连苍梧，近接三吴，远连二广，闽越奥区，地带岭海，表以紫帽龙首之峰，带以金溪石笋之阻"②。描述中所引用的佳句，多出自唐宋诗人之手，如"境旷穷山外，城摽涨海边"是唐代诗人张登所作。可见，闽南地理之雄奇壮美，自古已有称颂。

　　翻开万历《泉州府志》和清康熙时期的《皇舆全览图》，可以清晰地看到闽南地区的山海形式、丘陵地貌和海岛的特征。

　　闽南的开发史非常早，可以追溯到秦汉，甚至更早的时期，那时，虽有人烟，但人们的居所相对简陋，晋代永嘉年间，发生了永嘉之乱，以至中原士大夫家族衣冠南渡。到了唐代，泉州政区设立，经济逐步繁荣，南边的陈政、陈元光父子开发漳州，中原八十七姓入闽，从此定居闽南，繁衍生息。闽南有了稳定而众多的百姓，他们需要安定居所，闽南民居建筑逐渐形成规模，建筑质量也不断提升。

　　晋唐时期，闽南人的房屋是怎么样的？现存的史料并没有给我们留下清晰的描绘。但，中原移民定居闽南，也带来了中原的营造技术。在闽南，中原营造技术的使用并不是生搬硬套，而是因地制宜，形成自己的地域特色，比照宋人名作《营造法式》，可以看到蛛

---

①〔明〕李贤、彭时等：《大明一统志》，国家图书馆出版社，2009 年。
②同上。

丝马迹。从《营造法式》第三卷的石作制度中可以看出，中原营造
技术讲求次序的原则深深影响着闽南民居的建造。书中如此记载：
"造石作次序之制有六：一曰打剥；二曰粗搏；三曰细漉；四曰褊棱；
五曰斫砟；六曰磨砻。其雕镌制度有四等：一曰剔地起突；二曰压地
隐起华；三曰减地平钑；四曰素平。如减地平钑，磨砻毕，先用墨
蜡，后描华文钑造。若压地隐起及剔地起突，造毕并用翎羽刷细砂
刷之，令华文之内石色青润。"① 此外，"用砖垒阶基铺地面"等营造
技术在闽南民居中得到了充分体现，关于闽南古厝的红砖炼造技术
也可以从此书第十五卷的"砖作制度"与"窑作制度"中得以体现。
特别是在木架结构方面，闽南传统民居的梁架结构，既师承了营造
法式的要领，又有所创新。比如在榉头穹顶或马鞍背穹顶，采用直
跨式的弯形椽条。在现存的闽南民居当中，来自中原的营造技术处
处可见。

　　闽南大厝的木框架结构，具有很强的抗震性，据说结构良好的
房屋，能够抵御八级地震。因为在建造的过程中，闽南民居建筑非
常强调梁柱结构的稳固性和分力作用。难怪，有人会说"闽南大厝
的房子遇到强震都不怕"。在传统的闽南民居建筑中，基座建好之
后，墙体和木构架一起施工，有一种叫"甲扇"的木结构，大厅通
向房间，不同墙，只用木扇构成。只有外墙用砖墙。由于以木框架
为支撑体，它几乎可以单独支撑屋顶。也有些房屋，是先架木框架，
再砌墙，若遇到地震，墙壁的耐震度大大不如有"甲扇"的木架构。
地震强烈时，墙会倒塌，民间称"墙倒物（屋）不倒"。特此配图，
可清楚看出这种建筑风格。有专家指出，"甲扇"式的木架构，有科
学的抗震效果。一是因为木建筑梁柱节点特有的卯榫连接，相当于
现在的"柔性连接"。虽然主要是为了增加跳檐的长度，但其传力不
直接的特点，相当于现在的斜撑，可有效地消耗地震能量。二是因

---

① 〔宋〕李诫：《营造法式》，中华书局，1992 年。

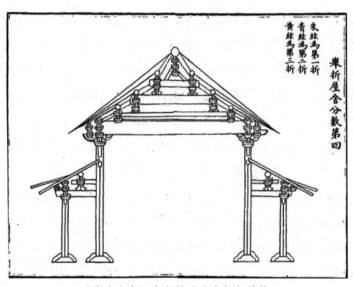

•《营造法式》中所描述的木框架结构•

为木结构中柱子底部，不像现在深埋土底，而是放置在一个稍高出地面的圆形石制台座之上。这相当于现代的隔震技术。值得一提的是，这样的木架构，当遭遇地震时，柱脚仅会因为水平力而产生少许的偏移，这种偏移在震后也很容易修复。古人的生活智慧，早已注入建筑的每个细节之中。

虽然没有发现从唐代遗存至今的闽南原始民居范本，不过，在实地走访中，我们仍能发现闽南古代建筑代代相传的脉络。在厦门市翔安区新圩镇的唐代古村金柄村，人文脉络的传承十分清晰。唐代紫云黄氏家族因黄守恭在泉州将自家桑园献给泉州开元寺，作为寺庙建筑用地，失去了自家用地之后，他将五个儿子分别分衍到闽南五个地方进行开发。黄守恭长子黄经居州北吕洋（后属南安县），次子黄纪居州东黄田（后属惠安县），三子黄纲居州西葛磐（后属安溪县），四子黄纶居州南金柄（后属同安县），五子黄纬居漳浦绥安（今漳州市诏安县）。在金柄村，黄纶又被族人称为黄肇纶。

黄肇纶定居之后，先经营住所，其位置至今未变，即现在的金柄黄氏宗祠，虽然该建筑几经修缮，但地基部分据说一直都保留原样，那时已经用上了红砖。而且在现场我们还发现，当年黄肇纶手植的一棵樟树，树干要三四个人才能合抱，虽然老态龙钟，但仍然枝繁叶茂。树下立有石碑——"唐樟"。黄氏故宅规模之宏大，建筑之精美，结构之精巧，仍显得古意盎然。黄氏故宅展现的就是一种以红砖为主要材料的建筑，以此可以推测，也许在唐代时，闽南人已经能够烧制质量上乘的红砖了。在考古发现中，已经有宋代的红砖实物了。据《泉州瓦窑业调查纪要》载，1924年，知名华侨李功藏重修始建于唐代开元末年的泉州文庙时，拆下的红砖瓦上都印有"政和三年"（1113）的字样。政和是宋徽宗年号，始建于唐代的文庙，到宋徽宗时期，已历经三百多年。宋徽宗时期，应是经历了一次大修。所以，拆下的砖瓦，很明显是北宋时期的砖瓦，但砖瓦中那些没有印记的，也可能是唐砖。虽然，已经有明确的物证说明，北宋时期，闽南已经有完整的烧制红砖的技术，但这种技术，肯定在北宋之前就已经形成。北宋时期之所以用红砖来修文庙，说明建于唐代的文庙，也是用红砖建的。以考古发现的实物推断，闽南烧制红砖的历史最迟可追溯至宋徽宗时期，至今历时九百余年。明朝嘉靖年间，史学家王世懋来到福建，担任提学副使，他在任期间，足迹遍及漳、泉。在他的著作《闽部疏》里，就说到泉州、漳州地区"民居皆俨似黄屋"，因为"红""黄"通假，这里所说的"黄屋"实际上就是红砖厝。表明闽南明代建筑使用红砖已较为普遍。

❀ 红砖技艺　传承千年 ❀

闽南民居建筑用红砖作为主要材料，因此，红砖的技艺在闽南的传承，可以说是千年不衰，而且日臻完善。在这里，我们要探秘，红砖到底是怎样生产出来的。

闽南红砖又名"颜籽""胭脂砖""烟炙砖""雁字砖""颜只砖""雁子砖""釉标砖""清水砖""油标砖""清水烟炙砖"等等，

这些名称是根据闽南红砖的特点而产生的。红砖入窑烧制时常采取斜向叠加的摆放方式,传统方法要求必须用松枝烧窑,烧制时松枝灰烬落在红砖的表面,出窑后红砖表面会自然形成几条红黑相间的纹理,这些纹理反而赋予红砖一种特别的美。当代用机器制作的闽南红砖,还故意保留了这一特色。这样红砖在砌筑墙体时自然形成装饰,使墙面变化丰富、自然活泼。

2019年6月1日,晋江市人民政府研究通过第六批晋江市级非物质文化遗产代表项目名录,磁灶闽南红砖传统烧制技艺入选其中。在这项非遗记录中,详细地介绍了闽南红砖的传统烧制方法,特引用如下[①]:

闽南红砖的烧制过程,共有十二道工序。

第一道为浸土:取田土,用铁铲划土,打碎土块,加入水,浸泡12个小时以上。

第二道为练土:赤脚反复踩踏土堆,增加土的黏性及细腻度。

第三道为入模成坯:模具撒上粗糠灰,用作隔离。用土弓割取适量的土,砸向模具,赤脚踩踏四周,使其填满。割去多余的土,用刮片刮平表面。翻转模具,脱模。

第四道为微晾:砖坯整齐码放,需静置几天通风阴干。

第五道为手工上釉面:砖坯排列于大椅上,用毛竹片刮掉粗糠灰,用坯槌拍打砖面及侧面,使其平整。用竹铲上釉土,后用大刮板来回推刮,将釉土均匀覆于表面。静置一段时间再用小刮板数次推磨砖面,使釉土完全黏附。去除边角多余釉土,把砖坯一块块拉开,端平砖坯四周及细面。

第六道为晾干:上好釉的砖坯自然风干方可入窑。一般需要15—20天。

第七道为装窑:装窑叠坯采用"直斜条形码法",可使火路在砖

---

① 转引自微信公众号"磁社风采":《磁灶入选的第六批晋江市级非遗项目介绍(二)——闽南红砖传统烧制技艺》。

坯间隙通行顺畅，温度平均。松枝灰烬落在砖坯相叠的空隙部位，熏成褐色斜斑纹，故称"烟炙砖"。

第八道为小火烘干：以柴火连续烘烤7—10天，去除砖坯残余水分。

第九道为大火焙烧：再以柴火及粗糠交替焙烧20天左右，此时窑窗全部密封，仅留窑门加料口。烧制时要求火力平稳，缓慢升温。

第十道为封窑：从窑顶抽样观察砖的熟度，若已烧熟则立即停火封窑，进行保温。

第十一道为冷却：窑炉自然冷却一般需14—20天。

第十二道为出窑：待窑内温度下降到人可进入其中时，即可出窑。

制砖所用黏土含铁较高，高温下转化成三氧化铁，砖出窑时，成品的颜色为暗紫色，经过日晒雨淋，才逐渐呈现出鲜亮的土红色，更能历久弥新。

别具一格的闽南红砖，融中国传统文化、闽越文化和海洋文化为一体，成为闽南文化的重要组成部分。小小一块红砖，不只是闽南古厝建筑特色的发展与成就的概括，更是闽南人坚忍、豁达的性格，睿智、拼搏的特质以及务实、进取的作风的概括。闽南红砖，作为传统建筑材料，其制作工艺，见证了闽南地区建筑历史的变迁、经济的发展，是闽南及中国，乃至世界的艺术瑰宝。

实际上，如此精致的红砖，只用于房屋的正面，也就是表面部分，有些内墙墙体部分的砖，由于双面要抹上土底，就无须这么精致，制作方法也相对简单。而烧造瓦片的技术，除了形态之外，在用料上面和砖没有什么差别。还有一种名为"筒瓦"的制造，则是另有技艺的要求。

红砖作为建筑的主要材料，其历史之悠久，传承之有序，自古有之。从《天工开物》中，我们就可以看出闽南红砖就地取材的历史由来，"百里之内必产合用土色，供人居室之用"。

在现有的闽南古代民居建筑中，红砖古厝的存量最大，分布最广，建筑最精美。那么，它是怎么产生的呢？地质研究表明，闽南大地上存量最大的红土，是烧制红砖的主要原料。可谓取之不尽，用之不竭。在人们的长期运用中，所制作出来的红砖，其耐久性、色彩的鲜明度也在不断提升。加之闽南建筑材料的资源非常丰富，树木、竹子、花岗岩等等，几乎都可就地取材。

•《天工开物》中的砖窑烧制图•

❀ 燕尾凌空　马鞍安稳 ❀

建筑材料的丰富，衍生精美的民居建筑。在这方面，是地理人文条件使然。不过，被誉为闽南民居建筑主体的红砖古厝，其燕尾脊、马鞍脊又是怎么产生的呢？

燕尾脊常用于屋顶正脊，中间呈曲线，尾部一分为二，就像燕子的尾巴。向上翘起的两端，像高昂的船头，蕴藏着闽南人的巧思。自古以来，靠海吃海的闽南人，对船有很深的情感。宋代谢履的《泉南歌》中云："泉州人稠山谷瘠，虽欲就耕无处辟。州南有海浩无穷，每岁造舟通异域。"便能看出船在闽南人生活中所扮演的重要角色。燕尾脊的创意来自何方？通过与台湾民俗学者的探讨，笔者认为，闽南民居建筑的燕尾脊形象，实际上是延续了闽南人对船的看重与喜爱。从现存的《中国古船图谱》和传世的古船画作中，可以看出闽南的古船，船头高翘，犹如燕尾脊的剪影。人们将这种高翘的"船头"置于屋脊，象征着冲击波浪的决心与勇气。闽南多有台风，常见暴雨，燕尾脊的结构，就有冲风破雨的实际功效。燕尾脊的形态，也象征着长居久安。闽南人是一个非常善于吸纳和融合海洋文化的民系，近代随着蒸汽轮船的诞生，在闽南的民居建筑中，也出现了形态模仿蒸汽轮船样式的房屋，称为"船厝"，可见燕尾脊来自高翘的船头之说，作为一家之言不无道理。

红砖民居的另一个主要形态为马鞍脊。在闽南，古代多有养马，金门更是专属的养马之地，人们认为马背安稳，用此形态为屋顶，显得稳重，更能安常处顺。这两种形态，有的单用，有的混用，最常见的形式是，红砖古厝将燕尾脊作为房屋中心，以马鞍脊为守护，作为护厝，相得益彰，配合完美。燕尾显其升腾之气势，马鞍则显其稳重安然之姿态，所以，这种配合，也就形成了红砖大厝的普遍形态。燕尾和马鞍的完美配合，正是闽南人桀骜坚忍的弄潮儿性格和海纳百川的气度的写照。红砖大厝点缀在闽南的乡野山间、海滨，无不使其景观焕发生机。

在中外的历史文献中，闽南民居建筑早就受到先贤和外国来访者的关注。

早在19世纪，英国摄影家约翰·汤姆逊来到闽南，他用当时被称为"神镜"的照相机，聚焦了闽南的风情和建筑。在他留存至今的作品中，就可以看到闽南燕尾脊大厝和马鞍脊民居的历史影响。1869年到1872年初的三年里，汤姆逊把精力集中在中国各地的旅行与拍摄上。汤姆逊经香港从福建启程，由沿海到内陆，从南方到北方，闽南一带是他最早驻足的地方之一。他的足迹到过闽南的大部分地区，他不仅拍摄沿途的风光与建筑，还以当时英国流行的人类学视角记录了大量闽南普通百姓的生活状态，为19世纪中后期的闽南留下了极有价值的人文影像遗存。在他的照片里，闽南民居的影像保留得十分清晰，马鞍脊和燕尾脊的民居建筑，在当时已经具有一定的规模性。

参照大约同时期的一些西洋来到闽南的画家，他们把在闽南采风的画作制成铜版画，也留下了许多有关闽南民居建筑的作品，甚至还有闽南民居内的摆设。大约在同一时期，美国传教士毕腓力同样注意到了闽南的民居建筑，从他所著的《厦门纵横》(*In and About Amoy*) 一书中，就可以看到他不仅谈到了闽南民居，还拍摄了相关的作品。

· 毕腓力《厦门纵横》中的闽南民居插图 ·

尤其值得一提的是，清末民初一些专业的西洋摄影家来到了闽南，他们的摄影作品担负了另外一种功能，那时，世界邮政业蓬勃发展，他们的采风作品被印制成明信片并传播到世界各地。我们有幸在民间采访中目睹了当年明信片上的闽南民居，可谓是一代风华。

1928年，考古学者陈万里在深入考察闽南多地以后，在《闽南游记》中将闽南的民俗、建筑及文化风貌进行了深入的描摹。其中，三篇关于泉州古迹的游记颇为重要，与其说是游记，更像是详细的学术报告，留下了宝贵的图片资料。这三次泉州之行，是当时厦门大学国学院史学研究所组织的访古调查。陈万里记下了途中所见到的闽南民居："五时左右到安海，沿路所见房屋都用红砖砌墙，仿佛新式村落，别成一种景象。"① 这里便充分显现闽南民居以红砖为构

---

① 陈万里：《闽南游记》，开明书店，1930年。

件的建造特点，更有新式房屋的美观功能。可见，一方水土孕育一方文化，建筑，便成为闽南文化稳定而鲜明的载体。

·清光绪三十二年（1906）拍摄的闽南民居明信片·

·陈万里像·

·陈万里所著的《闽南游记》·
（《闽南游记》原版为开明书店于1930年出版，2021年由厦门大学出版社再版）

第二节　取材天然　五行相融

　　闽南的自然景观主要是两个色调，田野、山间、树木呈现的绿，以及天空、大海呈现的蓝。闽南先民用红砖来建造民居建筑，恰恰在蓝绿之间点缀了鲜艳的红色，使整个自然的色调更加鲜明而美丽。

　　红砖古厝所使用的材料均属环保材料。木、石，取之于山；砖，取之于土。当房屋需要修理时，人们可以随时取材。但我们在实地调查中却发现，闽南先民在营造民居建筑时十分重视环保，虽然建材在古代相对丰富，但闽南先民绝不乱开乱采。

　　在厦门翔安金柄村，聚落形成之后，建筑分布甚广，黄氏族人立下祖训，告诫族人，保护山林，金柄村《丁山护林碑》的碑文写道："林木有阻风、储湿、固壤之奇功，宝也。大仓尽木皆护。毁者非吾族人矣。万历丙戌年。"此外，金柄村还有一处《祖林垂示碑》的碑文写道："始祖肇纶公手植香樟树林，乃造福通族之胜迹，子孙世护勿毁。大明万历三十年岁次壬寅冬月裔孙文焀敬立。"石碑上所说的肇纶公是唐代泉州名人黄守恭的儿子，他手植樟树就是在到同安（现为翔安）开基立业时，年代非常明确，植樟树于唐代，由于族群一直强调环境保护，所以这棵唐樟至今仍枝繁叶茂。

　　在同安莲花镇金光湖同样留下一处著名的护林古迹，清康熙四十九年（1710），担任清廷大学士的李光地为他的表亲同安林可观、林显观写下一则护林谕，以他的地位和声望遏止无知村民在仁得里十三都金岗湖砍伐树木山林。这一带民居错落、环境宜人，全仗林木葳蕤，山林茂盛，倘若失去山林则水土流失、美景消失，因此这道护林谕也无形中在告诫当地子孙，保护青山绿水的重要性，所以现在金岗湖一带保留了众多的古民居，而且成为一处旅游胜地。

·金柄村至今仍枝繁叶茂的唐樟（黄坚定摄）·

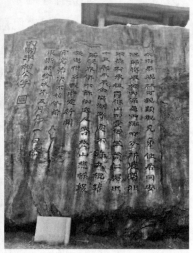

·李光地所写的护林谕（刘瑞光供图）·

　　闽南人在红砖民居的建筑过程中，也不能随便开发石料、山土。这种现象在闽南并不少见，在漳州、泉州的一些古民居群，可见到刻有文字的明确昭示，或有家训代代相传，都告诫子孙要保护好自己的居住环境，尽管民居建筑需要建材，但不能以破坏自然生态为代价。

　　在历史的发展中，人们开始注意到建筑格局与生活方便的关系。为了适应不同季节温度的变化，在选址时，闽南民居的建筑轴线往往取南偏西5—10度，通过一定的夹角，使得夏季日晒不入室内，冬季北风隔于墙外。背山、面水、向阳的朝向，能自然地形成冬暖夏凉的居住环境，也给人们带来了幽静舒适的生活体验。除此之外，在两个房屋之间，也会留出空间，形成"落"的概念。这个"落"，在布局上，也称为"天井"。站在天井中，你可以看见天就直接落下来了，光线和空气落到了房子里，同时，还明显地划分了前后左右的房屋结构。在红砖古厝里，采光和通风，就是靠"落"来实现的。不仅在每个主体的房子之间有天井，主体之外的护厝之间也有天井来实现自然通风与采光。在整体上，房子能够与自然融为一体，这是闽南民居顺应山水自然的表现。

尤其有趣的是，我们根据调查中一些长者的叙述和民间的传统说法认为，闽南民居契合了中国古代哲学的五行内涵，构房以木为架，筑墙以土为基，开井得水为源，侍奉神明祖先香火不竭，房中锄犁为金。也有人说在大部分的民居建筑中，也都有黄金的装饰，民居的一些门庭神龛都要用真正的黄金金箔进行装饰，百年不褪，金木水火土的建筑内涵，加上周边青山绿水的自然环境，真是宜居宜安宜兴。

在民居建筑中，当然会遇到一些先期使用过的废旧材料，比如说拆旧房建新房，闽南人对这些材料仍然非常珍惜，恰到好处地利用了这些废旧材料，使得物尽其用，且大大减少了对环境的污染。他们对一些平面的废砖进行集中挑选，用来造围墙，并摆列出图案，

·利用废旧建材建造的"圣旨起"外墙·

使造出来的墙仍然非常美观。如果数量够大，工匠还可以配合新砖，造出一种叫作"圣旨起"的墙，就是用两块新砖作为立面，中间填补废砖，甚至可以配合石料，造出一种"出砖入石"的坚固墙面。这不仅实用节约，还包含了现实的环保理念。

在古同安县，明末义士黄其晟故居周遭数十米的围墙全部用"圣旨起"的方式建成，历经四百余年仍稳固如初，可见采用废旧材料并不妨碍其建筑质量。另外，在漳州、泉州许多古民居建筑中"出砖入石"是一种更常见的建筑方式，一般用在基础部分，这种方式不仅使建筑更坚固而且节省材料费用。

第三节　民居建筑　衍生民俗

闽南人出于对自然的热爱和尊崇，产生了对自然的敬畏。在民居建筑时，需要根据民间习俗，祛凶纳吉。有些民居的选址未必能够十全十美，但民间有一些补救的方法，就比如说植树补基、开源节流、引水生财、四水归堂……在建筑时为了让地理环境尽如人意，

•辟邪屋顶将军•

通过人为的方式，改造不良的地理环境或增添周围环境的有利因素，此外还可以用辟邪物，八卦、石狮子和石敢当是中原建筑辟邪物在闽南地区的运用，而闽南民居建筑中的剑狮、风狮则是带有地域特色的民居辟邪物。

❧石狮风狮各尽其责❧

在闽南的民居建筑文化里，隐藏着一种被称为"石敢当"的民俗文化遗存。它包含了石狮公、石狮王、石狮爷等造型古朴、憨态可掬的石文化形象，是闽南民居建筑的一种附属成分。这些憨态可掬的石狮形象，跨海到了金门之后却"挺起腰板"，成了风狮爷。

闽南石狮爷寿比闽南民居建筑史。据宋代王象之《舆地纪胜·福建路》中载："庆历（1041—1048）中，纪纬宰浦田（莆田），再新县后，得一石，铭其文曰'石敢当，镇百鬼，压灾殃，官吏福，百姓康，风教盛，礼乐张'。唐大历五年（770），（莆田）县令郑，押字记。令家人用碑石，书'石敢当'之字，镇于门，盖此风之所流传云。"①

厦门民居的石敢当中，体型最大的要数中华街区石顶巷的石狮王。它造型古朴可爱，个头也大，所以才得到"王"的美称。这尊石狮王守卫在人烟稠密的街区小巷口，并依偎在一户民居的墙体上，民居翻建之后仍不忘给它一个安身之所，所以它一直在原有的"岗位"上。

除了石狮王，有的民居建筑还配有石狮公。石狮公通常在民居建筑墙角下，被供奉于一小龛中。据说，石狮公能驱邪解灾。除此之外，还有一种镶嵌在墙内的石敢当。这种石敢当较为简单，通常就只有文字或者配个八卦图形，有的在文字前头配上狮子图形。

---

① 〔宋〕王象之：《舆地纪胜》，中华书局，1992年。

同属于闽南的金门也存在着石敢当文化，一种是"泰山石敢当"，也就是和闽南其他地方一样只是用条石刻成文字，在今天的金门民居建筑中仍找得到，另一种则是与闽南石狮公堪称兄弟的"风狮爷"。这两者同样是民间崇拜的石敢当文化现象，应该说它们与中原的石敢当文化有着一脉相承的关系。笔者在金门采访时就看到过形态各异的风狮爷。金门的风狮爷形象可以视为闽南石狮的一种嬗变，一般的石狮造型都是四脚着地，而金门的风狮爷大多是后脚着地，前脚挺立，因为它担负着"镇风煞"的使命，金门风沙大，风狮爷挺起身来更形象地体现了它勇搏风沙的气势。不过，金门的风狮爷大部分是作为民居建筑的一个附属品，通常独立于民居之外。

❧ "剑狮"：海峡两岸的平安符 ❧

在闽南民居建筑的狮文化中，剑狮文化是闽台两岸民居建筑中最靓丽、最具特色的一种文化现象，它在狮文化的百花园中，独具灵气，雄奇多姿，且具有非常鲜明的闽南文化特色。剑狮文化在民间流传至少已有数百年，深扎在乡土草根之中，它就像许多鲜活的民俗之花一样，只在民间成长、开花，而没有受到文人雅士的特别青睐，所以一直未见史传。因此，在撰写本书时，笔者基本上是用脚步追寻历史，以田野调查的形式探究剑狮文化的起源、发展与应用。

❧ 雄狮头像　猛上加威 ❧

用抽象化，加之以夸张和浪漫的艺术手法，把狮子的威风雄猛定格为一种符号化的形象，且赋之于灵性，赐之以宝剑，使之神威倍增，驱除鬼魅，辟邪扶正，佑主人之康宁，保一方之平安……这就是剑狮。19世纪法国最有影响力的雕塑家奥古斯特·罗丹曾说过：

"一切生命皆从一个中心上迸生出来,然后由内到外,滋长发芽,灿烂开花。同样,美好的雕刻中,人们常常猜得出是有一种强烈的内在冲动。这就是古代艺术的秘密。"

实际上,剑狮是闽南先民对狮子形象所进行的一种全新创造。就像罗丹所说的,"从一个中心上迸生出来,然后由内到外,滋长发芽,灿烂开花",剑狮的形象就是从狮子这个中心迸生出来,然后赋予人们的寄望和想象,在艺术上不断丰富,在有了规范的形象之后,又不断发展。

"剑狮",其形象威严,兼有憨态,十分喜人,可以说是闽南先辈在乡土中创造出的一种"卡通形象"。一般常见的"剑狮"只取"狮头"为造型,额头刺着"王"字,双目圆瞪有神,鬃毛张扬,大嘴张裂龇牙叼剑,远远望去就感到一股凛然正气,再加上嘴上含剑,更显得威风凛凛。

❖ 同中有异　丰富多彩 ❖

为了追寻这一形象的由来,探究为什么狮子嘴巴咬着一把剑,这把剑又是如何恰到好处地附加在狮子的嘴巴之中,笔者在田野调查之中,经过多方询问,几经比照,发现剑狮作为一种民间辟邪的艺术形象,是同中有异的。人们一般可以一眼认出剑狮的形象,但仔细观察,又会发现相比之下,有许多细微的差异,每只剑狮都各有特色。但从大方向来说,剑狮形象初步形成时期,其形象比较简单,在明代早期古民居发现的剑狮中,有的是没有鬃毛的,只有脸部形象。如图片"漳州古民居中的剑狮",图中的剑狮是由灰泥塑成,着重刻画脸部形象,剑狮怒目圆睁,额头之上省略了鬃毛,不施色彩,形象古朴。

图片"泉州早期古民居中的木雕剑狮",很明显是镇宅之作,形态硕大,据测量,长度约60厘米,宽度约40厘米,厚度6厘米,整

・漳州古民居中的剑狮・　　　　・泉州早期古民居中的
木雕剑狮・

木雕成，刀工力道恰到好处，出自高手。这一剑狮则绘有矿物彩，颜色非常艳丽。有趣的是，剑狮嘴巴咬的是桃木剑，民间认为桃木剑最具辟邪功力，而且这把桃木剑是活动的，可以剑把在右，也可剑把在左，甚至可以嘴含双剑。在近代剑狮中就有嘴含双剑的。

在厦门东孚（古代属泉州府同安县）古民居中的山花（燕尾脊下、人字形墙面上端的装饰）部位，也雕塑有剑狮形象，通过右图可以看出这个剑狮形象已经有了其他的延伸部分，额头直顶屋檐，意在居高临下，而下巴部分则多出一面悬挂的宝镜，而宝镜之下又挂有天书，天书边上还有如意，周边加之飘带和悬穗，使整体图案既突出了剑狮之威猛，又体现与其他图案

・厦门东孚明代古建筑上的灰泥塑剑狮・

021

融合的和谐之美。

进入清代之后，剑狮文化则有更多的创新和点缀。图片"清代的镇宅木雕剑狮"中，剑狮不仅嘴含宝剑，还身抱八卦，通常剑狮是不见爪子的，但当年雕刻者觉得剑狮已经嘴含宝剑了，再含一八卦不合情理，因此就在嘴巴之下雕刻出两个狮爪，也就是用狮爪来捧住八卦，使整个形象合情合理。嘴中的宝剑、狮爪中的八卦，加之用文字表述的"六丁六甲"一起出镜，向那些邪气宣战，装备齐全，法力无边。

经仔细观察可以发现，明代早期的灰泥塑剑狮和木雕剑狮有一个

•清代的镇宅木雕剑狮•

共同点，就是注重刻画脸部，下巴有鬃毛而头顶没有卷曲的鬃毛，这是早期剑狮的特征。但到了明末清初，剑狮形象已经规范成了额头上有鬃毛，色彩方面用上了黄色、墨色、青色等色彩，这在下文的贞岱村调查中可以详见。由此可见，形容剑狮是闽南民俗文化中的一朵奇葩，一点都不为过。

❀ 贞岱古村　剑狮当关 ❀

对民居建筑剑狮文化现象的探索，只能说这才刚刚拉开序幕。我们了解到，海沧区东孚街道有一个宋代古村保留了比较完整的剑狮文化体系，为此，我们特地进入有剑狮村之称的海沧东孚街道贞岱村。

贞岱村委会，距离东孚街道驻地约4.2公里，位于鹰厦铁路南侧。有贞岱、后溪钟两个自然村。中华人民共和国成立初期，贞岱

村与凤山村组成海山乡，1958年公社化时析出贞岱、凤山两个大队。1984年公社改乡镇后，贞岱大队改为贞岱村委会。

贞岱自然村原名曾地。根据《厦门市地名志》记载，七百多年前的南宋时期，由田厝窟、新坡两地的苏姓（同安籍）移此定居并繁衍，曾姓逐步衰落。为避讳曾姓，谐音改为今名贞岱。

贞岱古村风貌

根据史料记载，贞岱村的苏氏属于宋代著名宰相苏颂的后裔，南宋年间，苏颂的裔孙苏文焕来此开基，成为贞岱村和凤山村苏氏的始祖。2017年，闽南苏氏在贞岱村苏氏大祠堂绍圭堂举行隆重的纪念仪式，纪念贞岱村始祖苏文焕公诞辰773年。贞岱村人文历史脉络清晰，传承有序。

走进古村，村内还有很多古老的民居建筑，像马鞍脊、燕尾脊等都是常见的建筑结构。平时我们见到的狮子形象都是比较零散的，但这个村中则保留了完整的古村风貌，其中剑狮作为该村古民居中主要的当关守卫、驱邪避煞的图腾，更显示出了非常难得的文化生态特性。因为其为我们再现了在古代建筑中，是如何选址雕造剑狮

·贞岱村古厝上的剑狮（一）·

的，剑狮又是如何体现古人对它护佑平安的寄望，又是在什么样的
环境之下展现威猛驱邪的神力的……

　　贞岱村还保留了几栋建于明朝末年的古厝，造型精美。其中位
于绍圭堂边上的贞岱村中区的古厝，其建筑结构至今仍体现出明显
的明代古建筑特征，正堂横梁带有弯拱形，从剥落的墙体上看，建
筑所用砖块特别大，带有明代的特征。古厝正堂朝南，而门庭则是
朝东，正应了"向
阳门第"的风水规
则。最具特色的是，
整栋古厝的门庭用
灰泥塑和矿物彩雕
塑了一个栩栩如生
的剑狮图像，仔细
一看，这个"剑狮"
确实与日常在闽南

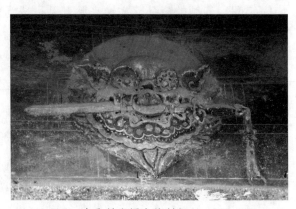

·贞岱村古厝上的剑狮（二）·

地区所看到的"风狮爷"不大相同。根据贞岱村年逾八旬的长者苏宗智介绍，这栋古厝，建筑年代可以追溯到明代天启崇祯年间，根据该屋先祖和旧族谱的记载，这栋古厝已有四百多年历史，比有明确纪年的绍圭堂（建于清康熙初年）还早。而最为可贵的是，古厝在传承中，虽然有经过一定的维护和修缮，但门庭上的剑狮一直完好如初，从未动过。

根据实地探索，事实证明早在明代，闽南地区就开始将剑狮作为一种辟邪的图腾，用于房屋、壁画、服饰的装饰之中，寄托着百姓趋避灾邪、祈保平安的信仰。

在距离贞岱村六七公里的集美杏林，也发现了剑狮的踪影。这个剑狮雕塑在门额部位，显得比较特殊，它的年代会稍迟些，有人根据建筑物进行分析，判断这个建筑是中华人民共和国成立初期的建筑了，这一事实说明了剑狮的应用实际已延伸到了当代。

在闽南，民宅风水忌讳冲路，民俗上对"冲路"的应对方法比较常见的就是树立石敢当，而且是在比较靠近地面的位置上，而剑狮则不一样，通常都是居高临下，为什么会有这样的现象呢？因为居高临下辐射面更广，也可以说是神威更大，但剑狮的雕塑工艺比简单地刻上"石敢当"几个字复杂得多，对雕塑者的艺术造诣有相当苛刻的要求。因此在民国之后，剑狮的雕塑质量下降，形象趋于简单，数量也随之减少，随着历史更替，在闽南一带并没有得到广泛的普及和传承。

人们为什么要在本来已经十分威猛的狮头形象中加上狮嘴含剑呢？这

• 银质鎏金剑狮 •

与闽南民间崇尚狮子的风俗有关，《易经·乾卦》道："云从龙，风从虎。圣人作而万物睹，本乎天者亲上，本乎地者亲下，则各从其类也。"龙和虎皆是威猛之物，而能够镇得住"从风之虎"的，狮子是首选。民俗认为，邪以气传，气以风通，故狮子最能辟邪。因此，在闽南，有石狮形象的石敢当、守门卫户的石狮子、顶风斗煞的风狮爷，这些狮子形象都有一个共同点，就是人们认为其可以辟邪保平安。有些民居因朝向问题难免会受到邪气侵扰，特别是在"冲路""冲巷"的地方，狮子的威风再加上剑的锋利，人们认为这样的组合足以抵御邪气。因此剑狮的形象在闽南深入民间，备受推崇。

其实，闽南剑狮的踪影，并非只在闽南可见，在台湾也有不少剑狮。想必剑狮的形象是随着闽南先民过台湾，而传入祖国的宝岛。

值得一提的是，当代台湾民俗艺术家蔡金安先生将剑狮发扬光大，并有所创新，还在台南市安平区建成了剑狮埕，使剑狮之花得以再放异彩。

❖ 八卦镇宅有奇观 ❖

在闽南民居建筑中，除了将石狮、风狮、剑狮用作辟邪镇宅之外，还常应用八卦图形。八卦的"乾坤离坎震巽艮兑"象征"天地火水雷风山泽"，与自然相应，且能相互运化，在民居中的运用历史悠久。

2017年，厦门翔安马巷一栋康熙年间的民居翻修，这栋民居是康熙年间当地首富林芳德的故居。人们在翻修林芳德故居时，发现了八卦在闽南民居中的特殊运用。这座建于康熙年间的民居，是保留相对完好的清初民居建筑，但居住其中的林氏族人从来没有发现大厅地砖底下有"八卦阵"，族谱或家族史料中也未见资料记载。直到2017年人们在更换地砖时，发现了大厅底下营建的一个八卦阵，这个现象在闽南民居的其他考察中尚未发现。主人为何要在大厅地

· 林芳德故居大厅中的砖底八卦阵 ·

· 当时出土的镇宅诗 ·

· 林氏后人特作《丁酉年翻修小记》·

（本组照片由蓝京和林铭鸿供图）

砖下营建八卦阵，引起了人们的好奇，且极具神秘感，在这处砖底八卦的构造中还有许多特殊的物品，如灯、镇尺、刀具等，为此大家一时议论纷纷，参观者络绎不绝，多方专家前来考证后所言也莫衷一是。

其实，在古民居里，设八卦的现象并不少见。除了起镇宅辟邪的作用，也是房主的一种寄托，主人希望将坏运气化了，把好运留住，让家人平安健康。通常，八卦大多置于中庭、门楣处，也有的人家用砖石等砌在庭院的地上，在大厅地砖下设置实属罕见。笔者在实地考察中得知，林芳德故居对面曾有一座"吸银山"，当年，主人是否特设此八卦阵以化"远山吸银"？由此可见民居建筑衍生的民俗真是丰富多彩，有些现象还在不断发现中。

闽南红砖民居建筑展现形式丰富多彩，施工技巧各领风骚，体现出了广博的智慧内涵，彰显出了精湛的工匠精神。一砖一瓦，一木一石皆有规矩；一房一室，一栋一园别有风范。既要遵循传统的建筑范式，也要有工匠的巧心雕琢。每栋精心设计的闽南红砖民居，架构科学，"尺白"讲究，交趾陶、雕刻等装饰点缀其间，能够历经百年风雨仍岿然不动。建筑，作为凝固的艺术，就这样传递了古人对生活的美好期望。

工匠精神显风华

第一节 红砖大厝 八句口诀

闽南红砖民居建筑，当择地动工之前，要请一位师傅头来统领全局。这位师傅头可不简单，要指导泥水匠、石匠、木匠甚至油漆匠进行分工协作，自己还要相当懂行，必须有亲自施工的经验，否则无法掌控全局。闽南红砖民居建筑施工基本上按"八句诀"来进行，"天父地母"据说是建筑施工中最重要的一个环节，实际上，就是要根据建筑的"尺白"（依据《鲁班大木经》规范的尺寸，趋吉避凶）来规划房屋的深度、宽度和高度。这些尺寸的标准，需要精确计算，相互对应，由德高望重的师傅头制作一把篙尺，用篙尺来进行衡量。这一点对施工者来说，极其关键，据说尺白的准确与否，会影响到使用者的气运逆顺。

当房屋从地表起建的时候，就要讲究石料与砖料的匹配。一般窗台底下的外墙用的是石料，经济富足且特别讲究的人家，用的是

· 华屋营造基座起 ·

泉州白的石料，这种石料历百年仍旧如新，在山中开采时，鸟粪都沾不上这种石料。墙头的部分也要用石料，半墙以上部分用砖料。砖与石之间的勾缝非常讲究，传统技法要用糯米拌白灰，不断捶打，使之黏如饴糖，再用竹刀刮进砖石缝中。每栋房屋砖石的配比，都有相当的讲究，使砖石相融，体现整体的美观。

"基座稳固碛与脚"讲的是民居在建筑中，通常除了地基之外，还要先打造一个基座。这个基座是高出地面的，大厅的檐下必然有一条碛石。这条碛石，既厚又宽，它是升堂入室的必经之所，大厅的铺砖就在它的背后展开。所以，这条碛石，要打造得相当稳固。通过对许多古厝的观察，很少见到碛石有歪斜塌陷的。此外，在建筑过程中，会出现许多"脚"，如"柜台脚""亭子脚"等，凡是"脚"的地方，都是建筑的关键支撑部分。所以，特别讲究稳固。

除了泥水匠、石匠之外，木匠也是非常关键的。"门窗梁柱动静宜"讲的就是木工部分，有些是固定的，有些是活动的，要怎么做到相得益彰？门窗关系到安全与采风采光，特别是大门，关系到整个门庭。有品位的家族大门还要放上门当与户对，门前还要架上雕梁与画栋，或用垂莲、彩灯、花篮，使其跟大门融为一体，凸显门庭的气势与喜气。垂莲寓意年年有余，一般取其生命力强盛之意，靠一块莲藕就能多年生长，莲蓬又内含多个莲子，代表子孙繁盛。所以，许多传统民居建筑门前都装饰有垂莲。至于梁柱，更是建筑的关键。梁柱是静态的，根据榫卯结构，斗拱的应用，雀替的支撑，使得木架部分几乎可以支撑整体，而且通体不用铁钉。因为房屋讲究耐久性，工匠们认为，铁寿百年，而木寿千年。也就是说，作为建筑所用的木料，如果没有被雨水浇淋，没有被虫蛀，它就不易腐朽，用上千年也没有问题。如果钉了铁钉，木头难免会吐纳湿气，感染到铁钉上，铁钉容易生锈，几乎没有百年不腐的铁钉，所以榫卯结构要比钉铁钉更持久、牢固。据说，如遇强烈地震，通常出现的情况是墙倒房不倒，完全是因为木结构发挥了抗震作用。

•门梁石显工巧•

•门窗梁柱各显风采•

　　闽南民居的屋顶，都是硬山顶。硬山顶是民居屋顶的专用词，通常理解，由于有个"硬"字，边缘棱角应该是很"硬"的，但匠人们却要在"硬"中显软。通观传统的古民居，硬山顶的斜坡都带有弧度，这就是硬中显软。但，这不是故意造作，而是有其科学性。因为闽南多雨，如果房顶的斜坡太直，雨水猛泄，就会灌进瓦缝里。而且，硬山顶瓦片的铺设也很有讲究，通常瓦片由三个品种组成。

　　在屋架的椽上，要先铺一层底瓦。这个底瓦是平整的，然后再铺上有弧形的瓦片。铺在缝隙间的瓦片，叫作"笑瓦"，"笑瓦"的弯曲弧度朝上，为了泄

•屋顶雕琢有细节•

水、隔热，会在"笑瓦"的两边铺上弧度朝下的"趴瓦"。如果房顶不够斜，瓦片容易滑落，通过斜坡的弧度，可以增加"笑瓦"和"趴瓦"间的牵引力，保持瓦片的稳定。硬山顶的两岸，通常还要加上剪瓷雕的立体装饰。综合来看，屋顶过"硬"则容易受损。两岸上，讲究的建筑还附有吉祥文字。匠人要在非常窄小的空间中操作，实在不易。特别是硬山顶的中心——屋脊，是至关重要的，根据事先的设计，定好马鞍形态或燕尾形态，直接在房屋的中梁上进行构筑，用的是由糯米、石灰加上红糖或树汁搅拌而成的三合土。屋脊造好之后，还要彩绘或用剪瓷雕装饰。一个漂亮的屋顶，有文字，有图案，有色彩鲜艳的剪瓷雕，还有立体的雕塑，所以说，它能够"聚瑞气"。

"升堂入室半厅红"说的是室内的装修。为了使房屋内外兼美，内墙上，再贴上半墙的红砖，这就是通常所说的"半厅红"。这些砖的使用和外墙砖的使用是有区别的。有的在砖体上进行雕刻，叫作砖雕；有的用特制的六角形、长方形、多边形的薄砖印上花鸟虫鱼、戏曲故事、历史人物等来进行组合，真是让人叹为观止。在厅堂上，还特别强调建筑时要设计出挂匾联的位置。在房间部分，也强调体现私密性，镂空的窗，后面加上密封的板，可开可封。房间的门，也有做成内门

• 花鸟灵动"半厅红"（刘心怡摄）•

外门的，仅这些部分就能体现出工匠精神在闽南民居建筑中的运用。

闽南民居建筑装饰手法共有三大类，一是雕刻类，二是绘画类，三是剪瓷类。"八句诀"里的"真雕假画呼六剪"，如果没有解读，很难理解。"真雕"讲的是闽南民居里的雕刻技艺，分为木雕、石雕、泥雕三种，多装饰于墙壁和屋脊之上。雕刻的人物、花卉、山水等形象栩栩如生，蕴含着传统文化的元素。朴实的建筑构件，在工匠的技艺与智慧中，变成精美的艺术品。"假画"是工匠对自己画作的谦称。讲究的闽南民居内多有画，在檐下、墙壁、梁柱上都可以见到色彩斑斓的装饰画。虽然只作装饰，但工匠从不忽略细节上的精彩。有时候，师傅会仿照大家的笔法作画，抓其要点，稍加发挥。技艺精湛的师傅，其画作之精美，与原作相比并不逊色，但谦逊的匠人会在落款处说明"仿某某笔法"，这样一来，人们看见镶嵌于建筑中的画作，也就不以为真了。"呼六剪"听来俏皮，实际上是说明剪瓷雕因物赋形、不拘一格的制作特色。色彩亮丽的瓷器，经过剪裁、打磨、粘贴，组合成各式各样的造型和图案。在此过程中，工匠可以根据自己的想法，打造出动物、花卉等图案。自由随性的创作方式，不可能完全按照图样或设计的尺寸来呈现，也就有了"呼六"的说法。正因为有了上述形态各异的装饰，仔细观赏红砖大厝的屋脊上、翘角旁、门楼里，会发现其中蕴含了许多灵动的美丽。

• 玲珑剔透好手艺（木雕）•

• "真雕假画"有功力 •

第二节　装饰技法　七类大师

上一节所说的八句诀讲的是民居建筑要达到的基本效果，主要是由泥水匠来完成，当架构初具规模之后，则需要装饰门类的各行匠人来参与。他们几十年专注于一项技艺，不断精益求精，民间把这些工匠称为"大师"或"老师"，在闽南话里，大师是大师傅的意思，老师是老师傅的意思。建造一座房子，需要有许多工匠精心配合，这些工匠分为七个类别，分别是剪瓷、木雕、石雕、砖雕、灰泥塑、交趾陶、彩绘和黑推金（大漆和贴金）。

❦ 剪瓷师 ❦

剪瓷师的技法独具闽南特色，他们的作品，为民居带来了鲜艳持久的色彩。因为，在闽南民居建筑中，剪瓷的应用最能经受住阳光风雨的洗礼、寒暑等的考验。剪瓷绝大部分应用在屋顶的装饰和墙体的暴露部分，换个角度说，也就是呈现于建筑物的最直观部分，鲜艳的色彩和灵动的造型，隔着一定距离，就可以感受到它的美。正因为剪瓷有为建筑增色的特殊效果，随着历史的前进，越来越多

・屋顶上的剪瓷艺术・

的人喜欢它，越来越多的建筑应用它，剪瓷师们也在这一过程中不断地提升技艺。

　　如今，在闽南地区，许多传世的古代民居建筑中都可以看到剪瓷的装饰，在古代建筑中利用碎瓷片、碎砖瓦来夯筑墙体是一种普遍的手段，人们往往有惜美之心，会舍不得让一些颜色鲜艳、色彩斑斓的瓷片沉沦在泥土之中。已经年逾七旬的古建师傅林田曲亲自修复过无数古建，根据他的叙述，在明代的古建中，剪瓷的装饰已屡见不鲜，但面积通常不是很大，根据他的分析，是匠人在夯筑土墙时把艳色瓷片留下，在屋顶或墙面上做点缀式的装饰，随着时间的推移，到了清代，剪瓷装饰则完全是有规划、有目的地进行了。

　　随着历史、经济、文化的发展，一项工艺也有其自身发展的过程，在历经宋明之后，剪瓷工艺的发展在清代达到了巅峰。首先是匠人的工艺精益求精，从原来的半立体的雕塑，发展至全立体的雕塑；从原来简单的粘贴手法，发展成为嵌、插、贴、点、修、磨、镶等多种手法；从原来的利用碎瓷材料，发展到瓷厂专为剪瓷做专用材料；从原来的以

·用剪瓷装饰屋脊·

黄、白、红、蓝为主要色调的图案，发展到有赤、绿、黄、紫、黑，甚至分出桃红、鲜红、粉红等非常细腻的色调组合。

　　根据老一代剪瓷匠师的说法，传统上的剪瓷装饰难度相当高，在泥水匠已经建好的屋脊上要先进行藤木扎基、竹麻结体、灰糁塑

形，最后才施以剪瓷外饰。

　　先说说藤木扎基，在建筑结构顶脊定型之后，需要制作剪瓷的地方用藤和木架扎进建筑物里。这一工艺用料十分考究，木头需采用韧性高的杉木根部，藤则需要用数十年乃至百年的老藤。剖藤条，根据预定造型固定架构，因为老杉木的根部和百年的藤条具有良好的耐久性，但这些材料只发挥巩固架构的作用，细部则需用竹篾和麻片依托在主体部分来施工，就如制作一条龙，其龙爪伸出的部分就需如此操作。这种古老传统的手艺后来在材料上、工艺上都进行了简化，到了当代，几乎都是用钢筋、铁线来替代了，但实践证明，钢筋的寿命远不如竹木。在胚型塑造上，传统材料特别讲究，要在三合土的基础上加入竹丝、木屑进行捶打，就像在做麻糍一样，故有灰糍之名，可见其用料之精良，施工之艰辛。匠人在架上用灰糍塑出所要嵌贴剪瓷的胚胎，再进行瓷片的粘贴，通常龙、兽、鸟类是整体嵌瓷，而人物通常是在泥塑胚胎的基础上做出脸部，衣着和背景施以剪瓷。

剪瓷牌楼

在乾隆、嘉庆时代的闽南民居建筑上，还可以发现一些剪瓷的人物作品，人物脸部也用剪瓷做成，难度相当高。剪瓷颜色超过了十二种，可谓绚丽多姿，在手法上，嵌、插、贴、点、修、磨、镶的表现形式都发挥得淋漓尽致。

由于剪瓷在古建装饰上的特殊效果十分吸引眼球，随着文化和经济的发展，这一工艺也逐步走向成熟并得到提升。在材料应用上，有些瓷作坊专为剪瓷艺人烧造多种色彩和多种形态的剪瓷专用瓷，在厦门市海沧区院前村建于清代的颜江守古厝中还发现了用特殊材料制作的剪瓷。颜江守是清代印度尼西亚富侨，他所建的三连院气势宏伟，所建年代为清中期，正是剪瓷发展的巅峰时期，所以这座古宅的剪瓷不仅琳琅满目，还使用了特殊的材料，除了瓷片之外，还有琉璃、镜片甚至精细之处还用玛瑙点缀，可谓奢华无比。但这种现象毕竟不多见，这是富足时代留下的一种印记。在清末至民国时期，剪瓷仍然在建筑物上强撑一丝辉煌，但再也没有见到乾嘉盛世时的特殊用料了。

当代已经有厂家专门制造各种颜色的剪瓷材料，甚至还有用陶瓷做成的整体图案，这样就免去了剪瓷的许多细节，不过艺术效果还是不能与剪瓷相比。

❖ 交趾陶师 ❖

交趾陶为一种用陶土塑形，加以各种颜色的彩釉，低温烧制而成的陶艺，是融合了软陶与广窑的一种陶艺，且包容了捏塑、绘画、烧陶等技艺，堪称闽南建筑文化中的艺术瑰宝。在闽南民居建筑中发现的交趾陶，造型做法有两种：手捏雕刻成形的和模具制作成形的，早期多为手捏雕刻，后期（指民国之后）多为模具制作。手捏雕刻成形的以中小型作品居多，制作手法有中空法与镂空法。模具制作成形的，将陶土做成土浆，再以陶浆灌入模中，还有一种为压模，因为有模具的辅助，所以作品的薄厚比较容易掌握。作品塑造完成后，接下来就是细节修饰，一件作品能否栩栩如生，就看修坯的技艺。作品修饰完成后，需要自然阴干，绝对不能暴晒，慢慢阴干可减少破裂。作品阴干后放入窑炉里烧制，时间通常要10—16小时，素烧温度约在1170摄氏度。

通常交趾陶师都是根据需要的尺寸大小，现场制作、现场开窑、现场烧制。交趾陶釉是金属与自然矿石合成的，一般称为宝石釉，交趾陶的成品美丽与否，上釉的技巧和釉色是非常关键的。在现存的闽南民居建筑中，同安陈喜亭故居、海沧莲塘别墅和台湾板桥林家别墅都应用了大量的交趾陶，且品味上乘。陈喜亭故居中的交趾陶还呈现出了许多名画的摹本画面，可见工艺难度之高。

在历史上，交趾陶师留下姓名的非常少，清朝中期，交趾陶的装饰技艺传入台湾，当时的代表人物是在平和学艺有成的匠师叶麟趾。叶麟趾被台湾

·建筑中的交趾陶（刘心怡摄）·

民众尊为"叶王"，是台湾交趾陶的开山宗师。其作品还曾在世界博览会上引起艺坛的震惊，被誉为台湾绝技，后世尊其为"台湾

交趾陶之父",但其手艺的渊源则来自福建闽南。现在其作品散见
于嘉南一带的各大庙宇,如今仅剩台南学甲慈济宫、佳里震兴宫
及嘉义城隍庙等地保留较完整。其作品造型丰富、沉雄古拙,尤
以人物栩栩如生,用色沉敛稳健,并独创胭脂红、翠绿的釉料,
后世更有"叶王交趾烧"之美誉。闽南民居建筑中当今存世的清
代交趾陶完全可以媲美台湾的存世作品,甚至有些还可以说是更
胜一筹,在海沧青礁古民居中还留存一组交趾陶的人物雕塑和亭
台楼阁雕塑,堪称绝品。可惜闽南历史上的名师却难以寻觅姓名
了,而台湾叶氏交趾陶则代有传人,叶氏后人叶星佑传艺厦门,
并在同安烧制交趾陶且有创新品类。

❈木雕师❈

木雕是利用各种木质材料,雕成各种形象的雕塑艺术。技法根
据其是否附着背景可分为圆雕、浮雕、透雕及线刻等,注重刀法,
并充分利用木质本身的自然特点去寻找内在表现力,如色泽、纹理、
结构等,讲究独特的意旨和趣味。

闽南民居建筑中的木雕对材料要求严格,通常用樟木、楠木、
杉木或者龙眼木,前三者比较常用。用于建筑的木雕,实际上既为
建筑构建,同时又兼具美化装饰作用。例如雀替、斗拱等部位,在
承接上梁与下梁之间基本上都雕成神兽、麒麟等动物,建筑构建的
底部横梁通常整根镂空雕透,表现整组的戏剧人物或夔龙等神兽。
除此之外,木雕还可做门楹屏堵上部通风采光部位的装饰。在闽南,
民居建筑的木雕还形成了流派,有潮州工(潮州虽地属广东却是属
于闽南文化体系)、永春工、兴化工(今莆田市,古代属闽南)、芗
城工,其中最有名的是潮州工、永春工。

判断木雕师的手艺高下,民间有独特的标准。看其刀法的功力、
神态的表现力、"叠"的层数。"叠"是闽南木雕雕刻鉴赏特有的词

汇，表示在一块整木上面所体现的层次，"叠"也就是一层的意思，通常不透光的装饰只用一"叠"工。在表现"叠"的时候，还要注意保留雕刻体的受力部分，通常可以用树木、建筑、人物来保留雕刻体的支撑点。这些技术手段就是闽南建筑中木雕的神韵所在，即使已经过了百年历史，这些木雕还能保持非常好的完整度，并在房屋结构上仍然起到支撑作用。

·建筑上的多层木雕·

据《当代历史》记载："泉州开元寺所藏志书记载，开元寺始建于唐垂拱二年（686），现存建筑为明初重建。开元寺最富特色的是殿内两排石柱和桁梁接合处的二十四尊木雕飞天乐伎斗拱。这二十四位仙女手中或执管弦丝竹乐器，或捧文房四宝，翩翩凌空飞翔，姿态飘逸舒展，造型融中国飞天、印度妙音鸟、欧洲安琪儿为一体，为木构建筑所罕见。另据《鉴湖张氏族谱》记载：'十四世孙仕逊，字法参，官主簿三余，以木雕游寺观，所治皆绝品，如泉州开元寺飞天……'根据族谱排序推断，张仕逊是南宋时期人。从族谱和现存建筑实物来看，最迟在明代，泉州传统民居中的木雕技艺就已经达到非常高超的水平了。"现在，在存世的闽南民居建筑中也仍然可以找到"飞天"的影子，说明开元寺里的飞天木雕，并非寺

庙独有，民居中也有，只不过寺庙中的木雕更为大型，而民居中的
则较为小型。

"清光绪十四年（1888），享有'八闽第一木雕大师'美誉的惠安
溪底派匠师王益顺，承建泉港峰尾东岳庙，设计制作了全木结构蜘蛛
结网藻井并雕镂各种图案，此独创技法一经问世，便名噪一时。此后，
王益顺在闽南及台湾地区承担了许多寺庙的改筑、新建工作，创作出
许多精品，现在闽南地区由其设计、最为著名的建筑是厦门的南普陀
寺。王益顺还独创了许多现在台湾寺庙中常见的建筑技巧，诸如蜘蛛
结网藻井、轿顶式钟鼓楼、龙柱上端出现希腊或罗马式柱头以及其他

一些特殊技巧，这些
建筑技巧成为台湾近
代寺庙建筑文化的新
里程碑。"王益顺的技
术法则也流入民间木
雕师的创作中，部分
应用于民居建筑中，
其中不少成为古民居
中经典的木雕作品。

• 民居中的精美神龛 •

❧ 石雕师 ❧

石雕工艺在闽南民居建筑中应用广泛，作品繁多，而且石雕师
的技艺精湛，蜚声海内外。闽南民居几乎都会用上惠安石雕，民居
建筑中常见的有圆雕、浮雕、沉雕、影雕四大类，石雕师对工艺的
精益求精令人叹服。

在闽南民居中，有一种叫"刀马人"的石雕装饰，内容基本上
取材于戏剧，如赵子龙单骑救主、穆桂英阵上招亲、双枪陆文龙战
金兵，这些题材有人有马，人要精神，马要灵活，这些要领在师徒

相传中传承有序，倒不算难点，但马缰和花枪都细如火柴棒，而且要雕出花纹，其难度可想而知。曾经流传过这样一个故事：有一位老石雕师将技艺传授给徒弟，因为徒弟年轻聪明，只几年间，就基本把师父的手艺掌握了。但是，每次打到马缰时，徒弟就被难住了，缰绳上要打出交叉的绳股但操作时经常断折，这样辛苦打造出的成品就变成了废品。之后，每到这部分，都是由老师傅自己来操作。因为工程的开拓，徒弟要离开师父，自己领班。临行前，他跪请师父告知他打不好马缰、花枪的原因，师父说，他早已给徒儿准备好一件东西，即使徒儿不来请益，他也会暗示他。交流至此，因行程匆忙，两人就此道别。徒弟在路上，百思不得其解，为何师父不明言呢？他打开师父的礼物，是一包烟丝，他愈发疑惑，他不抽烟，为何送他烟丝？徒弟领班后，又到打马缰的当口了，他猛然想起师父每到这个当口，总是停下来抽几口烟，打了几凿之后，又停下来抽烟。他突然醒悟，原来师父送他烟丝是启发他，到了打马缰的时候，不能一口气打成，因为马缰纤细，凿子会发热，所以十打九断，停下来抽烟是为了让它散热。果然，这一次徒弟也成功了。

可惜的是，这些技术超群的石雕师都没有留下姓名。厦门集美鳌园的石雕师傅，倒是留下了作品和姓名，这位师傅名叫李走生，他不仅在鳌园中有作品，在闽南民居中也留下一些佳作。

·石雕斗拱·

·石雕基座·

在闽南民居建筑的石雕中，不仅有传统也有创新，清朝末年，民间对外交流渠道扩大，石雕艺人也见识到了洋人的形象。有些人在建房时特地要求将洋人的形象雕刻在建筑物上做装饰，这些石雕艺人便运用自己精湛的手艺，结合观察，把洋人形象人惟妙惟肖地雕刻出来。

· 护门的石狮 ·

❈ 砖雕师 ❈

砖雕几乎和闽南民居建筑同时诞生。砖雕选用的砖一般是面积大的薄砖，这种砖刚开始时是用于贴内墙的，在大厅的半墙贴上这种薄砖，起到了装饰的效果而且还能吸潮气，所以闽南民居中将这种装饰叫作"半厅红"。为了加强装饰效果，清代中期之后的闽南民居建筑在半厅红的砖上进行精雕细琢，而且应用范围也不断扩大，砖雕装饰除了半厅红，还可以做门庭双壁的装饰，以及一些建筑部分的点缀。砖雕的题材非常广泛，有梅兰竹菊、灯笼花篮、龙凤鸟兽、人物故事等等。

红砖的砖雕雕刻非常强调线和面，线要不断，面要立体，梅兰竹菊的图案就很能显示线和面的应用，梅花的凌空铁骨，兰花的幽谷娇姿，竹子的高风亮节，菊花的傲霜怒放都要通过砖雕的深浅有度来体现。砖雕在人物雕刻上更显得技法高超，要把人物的口眼耳鼻雕琢清晰，又要神态活现，涉及铠甲、兵器都是线面交织在毫厘之间。历史上，砖雕艺人经常挑灯夜雕，他们在图案的设计上还有跨砖的思维，一幅画面有时候要十二、二十四、四十八块砖来拼组，通常是靠意领神会，无法有事先的图纸设计。
砖雕作品在体现龙狮神兽
时，十分强调神态与姿态，
龙看舞爪，狮看张牙。有
时建筑的砖雕使用面积比
较大，主人会请来两组砖
雕师，根据题材各自施工，
施工前，互不观摩，施工
后，揭去帐幔，工艺高低，
立见分晓。

· 砖雕中的神话故事 ·

❖ 大漆画师 ❖

　　大漆在闽南民居建筑中，应用非常广泛，许多梁柱施工的最后
一道工序就是上大漆。一些屏风、横梁还要刷上金粉或贴上金箔，
这种工艺叫作"安金"。大漆金画则需要专门的漆画师，通常必须在
画金画的平面上蒙上麻纤、浇涂桐油、刮平瓦灰，然后用泥金或金
箔进行题材的描绘，通常都以人物故事为主。这种装饰方法叫作"黑
推金"。黄金贵重，漆画师用金如用墨，又要常怀惜墨如金之心。大
漆画可不单纯是线的表现，也有面的平涂，而且在技法上要体现出
深浅浓淡。有些漆画师还能巧妙地配出五色金，使金中带紫、带黄、
带赤、带青、带橙，使漆金画表现出富丽堂皇、多姿多彩的效果。
建筑中有些部分则需要用红色的大漆，大漆中加上朱砂，成为有特
别色调的红色大漆，通常应用在厅堂的屏堵上，画的是团鹤或瑞草
之类的图案。

　　民国至中华人民共和国成立初期，闽南有位较著名的漆画师，
叫陈文利。他在漳泉的一些古民居中，留下了许多精美之作。可惜，
许多有他作品的古宅都拆迁了。他曾经有一部力作留在厦门南普陀

寺的大雄宝殿门扇上，分别是释尊诞生、六年苦行、菩提悟道、释尊涅槃，这些漆金画画幅巨大，是非常难得的精品。最后一幅画上还署有"一九五八年陈文利作"，可惜随着南普陀寺的多次修缮，这些画作已经不知去向了。

❧ 灰泥塑师 ❧

泥塑系按材料分类的雕塑种类，是我国传统雕塑之一。闽南的灰泥塑则有自己的地方特色，泥塑制作材料由一定比例的黏土、纤维（稻草、纸筋、棉花、麦秸）、河沙、水组成，而其中的灰是指"壳灰"，即以牡蛎壳为原料，经过煅烧捶打后成灰，这种灰曾经在闽南民居建筑中使用过且耐久性极强。除壳灰和泥塑外还会加上桐油，在捶打搅匀后，由泥塑师在建筑体上直接施工。灰泥塑的雕塑手法有刮、堆、削、刻、捏等，可直接塑成各种人物、神兽、花卉等。有些还要在表面上施以矿物彩。

·浅雕灰泥塑·

灰泥塑除了立体型操作之外，还有平面型操作，用灰泥塑的材料进行平面打底，然后在平面上用双钩法勾勒名门书法，笔锋锋芒毕现，形成灰泥塑的一大特色。此外，还有一种技法已成绝响，称为"纸皮作"，将灰泥塑的材料擀成同纸片一样薄，厚度仅两至三毫米，用折叠的方式制作图案，有龙纹、梅花、蝴蝶等立体图案，镶嵌在"水车堵"的边框上，虽见风见雨而百年不坏。因此，有人说，灰泥塑师是手中有灵气、架上有功夫。灰泥塑师留下姓名的少之又少，近代闽南颇有名气的灰泥塑师是李明月。李明月为漳州龙溪县凤霞社（今属漳州市芗城区）人，家学技艺为泥瓦细活，其中的一项技艺就是灰泥塑。他常以名家画谱中的人物、鸟兽等为基本形象，在此基础上用灰泥塑制成立体或浮雕形象，惟妙惟肖。在他学艺初成时，正是我国对外通商达到空前繁盛的时期，闽南的建筑也开始使用水泥（当时称水门汀）。李明月发现水泥方便配制，凝固性强于灰泥塑，便灵活地将传统的灰泥塑技法与新式水泥材料相结合，其代表作是位于厦门港的李氏祠堂。李氏祠堂屋顶、檐脊的龙凤，门口的龙柱、狮子等均出自他手，他甚至还用灰泥塑的手法雕塑出了水泥制的安琪儿，安置在李氏祠堂的山花上。他用水泥代替木雕、石雕，在材料运用上开启了一大创举，在题材上也中西并用，时人称其为"泥水状元"。换个角度说，他也可被称为近代的"灰泥塑状元"。

·深雕灰泥塑·

·檐下灰泥塑·

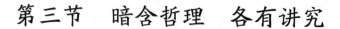

第三节　暗含哲理　各有讲究

　　闽南民居在建筑施工中有许多讲究，特别是在尺白的运用上更是暗含玄机和哲理。当房屋落成，入户的台阶就很有讲究，这种台阶不能做成三级，也不能做成两级，通常第一级只浮出地面约两寸，另外两级各八寸，所以这种台阶称为"两层半"。因为三级台阶往往过高，而两级台阶是偶数，犯了忌讳，所以两层半既实用又不为偶数。屋顶覆盖的瓦片也有讲究，瓦片的槽数不能被十整除，因为闽南话中的"十槽"是指心中惆怅、纷乱。建筑中最主要的中堂前面必有一个天井，而天井要通过前落才能排水，在制作排水道时，不能直通，必须拐弯，因为财如水，水如财，直通就意味着财气直泄，但拐了弯又要保证畅通，并不是一件易事。此外，门沟上下要留有堵口，由于操作难度大，后来只有泉州地区仍坚守这一传统。

屋瓦数奇偶有讲究

❧强调民居建筑平面概念❧

闽南民居建筑物的平面，由阔与深组成，也就是面阔（宽）与纵深（深度）。闽南民居古建筑因特有的木构栋路（一座古民居有几个栋路，也就分成几个单体组合而成）规制，先用立柱横梁构成屋架，然后加筑墙壁或隔扇。凡四柱之中的面积，称为间。间的宽称"阔丁"（面阔），整个建筑若干间合起来的总宽度称"总阔丁"（通面的宽度）。间之深度，称"深丁"（进深），若干间合起来的总深度称为"总深丁"（通进深）。

• 海沧后柯古厝门庭宽阔（庄美丽摄）•

建筑物的大小就以间的大小和多寡而定。一般古民居中，开双扇门的一间叫中厅（明间），中厅两旁为大房，大房之外为五间（梢间），五间之外为护厝（尽间），主体建筑物的四周或前后还可以加有廊子，厝前埕加一列为回向，厝后另一列为后界土。

间的阔丁和深丁，按所需面积和推算出来的寸白而定。但有半拱的古式大木构筑，阔丁、深丁则按厝顶排架数定。大房较中厅可少收一攒，五间可与大房同，或少收一攒。前后廊于青圆与步柱之间，一架圆的称大方，二架圆的称拜亭，步柱外还有寮圆、吊筒。

　　平面的形式以长方形为最普遍。因受厅堂"一高、二深、三阔"的限制，所以没有绝对正方形的建筑物。

　　闽南地区的民房住宅，主要建筑配置形式有三种：一是"手巾寮"。它适应于人口稠密处和集镇地区，阔丁3—4米，深丁则以面积而定。小手巾寮只有一进，即门口厅、厅后房、天井和厨房三部分。二进以上的手巾寮仍各有这三部分，只是把前一进的厨房改为通道，后一进的厅堂前留一小段走廊。二是三间张，即三开间，通常以三并列手巾寮为总阔丁。一般是正中大门和大厅，厅两侧为东西大房。厅前为"下落"，包括大门两侧的下房；大厅及大房为"顶落"，包括厅堂屏风后"后轩"的小套间。这种二进的大厝为小三间张。大厅后留有天井、厢房，以及后大厅和后大房组成第三进或三进以上的，称为大三间张大厝。三是五间张，是三间张大厝的扩大版。它由三开间扩大为五开间，大厅和两侧各有两间大房；三进深又大多配有双列护厝，称五间张双护列，五开间五进深并双护厝。官桥蔡资深宅，由13座五开间二、三进深，双、单列护厝构成大型建筑群。后落有加层为楼阁式，以作闺女卧室。此外，完全不匀称的配置，皆因地制宜设计，不受规例的拘束。

·蔡资深古民居·

·莲塘别墅·

❧ 破土施工讲究多 ❧

闽南民居建筑营建之前通常要经过几个步骤：相风水，选基址，拜土地，行破土，量篙尺，画水卦。可以说画水卦就是开始进入实际施工程序。

画水卦类似绘制房屋栋路的剖视图。水卦为建筑物的十分之一比例，画在整块的木板上，画水卦要先弄清报算出来的"寸白"和该房的屋顶造型。"寸白"有一套对应规则，如"天父"对"地母"，"墙基"对"山尖"等。画水卦是闽南古建筑世代相传的设计与施工技术，各工种都有一套经久可行的技术规范。

屋顶造型有重檐歇山顶、歇山顶、硬山顶三种。闽南地区，重檐歇山顶、歇山顶为寺庙建筑才能采用；一般民居，只能采用硬山顶。在弄清寸白、房屋功能和屋顶造型，通盘考虑成熟后，才开始画水卦。高度以桷枝向下的刨光面为准，深阔丁以柱的圆半径（即柱丁中轴线）为准。

从木作来说，构造的尺寸有严格的统一规定。尽管各工匠师承不同，但只要熟悉坐山、八卦纳坐山和古建筑使用的几种尺的算法与应用，且有丰富实践经验的师匠，就能胜任设计与施工任务。所谓坐山纳八卦、推算寸白等，是画水卦的准备工作。画水卦依据建筑物的功能要求和推算出的寸白进行，其具体的归纳、推算方法如下：

1. 坐山。

坐山，共分二十四个山头。名曰：乾甲、坤乙、艮丙、巽辛、丁巳、酉丑、庚亥、卯未、癸申、子辰、壬寅、午戌，共二十四字。它是将整个圆周划分为二十四格，叫二十四个山头，现在叫二十四个朝向。坐山，由主建人请地理先生择定。

2. 八卦纳坐山。

八卦，即乾、坤、艮、巽、兑、震、坎、离，共八字。八卦纳坐山，是九星中天父、地母起数的依据。其归纳为：乾纳乾甲，坤纳坤乙，艮纳艮丙，巽纳巽辛，兑纳丁巳酉丑，震纳庚亥卯未，坎纳癸申子辰，离纳壬寅午戌。

3. 九星。

鲁班尺，因中国“九”为极数，亦因“寸白”最高限为“九”，故将鲁班尺的一寸至九寸分别命名为一白、二黑、三碧、四绿、五黄、六白、七赤、八白、九紫。名曰“九星”。

4. 天父。

九星纳入天父，天父的起数为：乾四绿，震七赤，巽五黄，坎二黑，坤三碧，艮六白，兑九紫，离八白。天父不起一白。

5. 地母。

九胜纳入地母，地母的起数为：乾一白，离二黑，震三碧，兑四绿，坎五黄，坤六白，巽七赤，艮八白。地母不起九紫。

6. 寸白。

根据古建筑的坐字，纳入八卦，查对出天父、地母在九星中的起数，其起数为鲁班尺第一寸，接连推算，凡算到一白、六白、八白谓之"寸白"，是画水卦计算尺寸的依据。

画水卦的用尺

　　古建筑画水卦使用的尺，虽有的曾用过玉尺，但普遍还是用鲁班尺。鲁班尺，又名曲尺等，相传为春秋末著名工匠公输般（一作班，鲁国人）所传的尺。春秋战国时期，我国建筑木工的生产技术已达到相当高的水平，鲁班和当时的工匠建造房屋、桥梁就离不开木工工具。所以《孟子·离娄》说："公输子之巧，不以规矩，不能成方圆。"曲尺可能就是当时鲁班在"矩"的基础上改造的木工工具。《续文献通考·乐八·度量衡》说：鲁班尺，"即今木匠所用曲尺，盖自鲁班传至唐……由唐至今用之"。又《鲁班经》卷一写到曲尺时说："须当凑时鲁班尺。"有了曲尺，解决了许多木工技术上的问题。如控制房屋和器具构件连接成直角，粗略检查一个面是呈平面或有挠曲，还可利用其量长短和画线。由于鲁班尺构造简单，功用多，所以几千年来它仍被木工、石工所广泛应用。鲁班尺在画水卦时的应用，如前所述。

　　玉尺：玉尺同样是根据坐山纳入八卦，分别用天父、地母，计算出来的。它的起点为一尺，叫尺白。这种尺已基本不用，但了解它可备遇有旧建筑修缮时应用。

　　玉尺的九星是：一贪狼，二巨文，三禄存，四文曲，五廉贞，六武曲，七破军，八左辅，九右弼。其中取一贪狼、二巨文、六武曲、八左辅、九右弼为吉祥。

　　玉尺天父的起数是：乾右弼，离破军，兑贪狼，巽廉贞，艮武曲，坎文曲，坤禄存，震巨文。天父不起左辅。

　　玉尺地母的起数是：巽右弼，乾巨文，离廉贞，兑禄存，坎武曲，艮文曲，震左辅，坤破军。地母不起贪狼。计算的程序与计算寸白的程序相同。

文光尺：是专门用于选配门窗尺寸的尺。每尺分八格，名曰：财、病、离、义、官、劫、害、本八字。其中取财、义、官、本四字，即一、四、五、八格，余者不用。门窗以室内净光面积为准，来计算尺寸。文光尺每尺等于1.44鲁班尺，每格为1.8鲁班寸。但使用时，不用"齐头尺"，也就是不使用整尺。例取用第三尺财字，换算鲁班尺是2.88尺加1.8寸，为3.06尺。使用时，只能用2.9尺或3.05尺，因3整尺叫"齐头尺"，不取用；而3.06尺，刚好在字边，叫"太边"，也不取用，所以才用2.9尺或3.05尺。

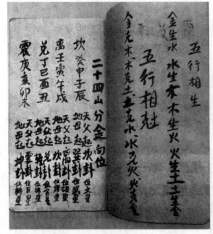 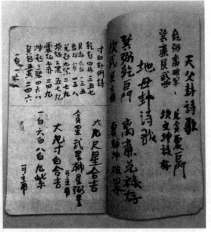

•匠师手抄本"尺寸白簿"（陈建中供图）•　•民居建筑的《天父卦诗歌》（陈建中供图）•

子思尺：是专门用于佛座、佛身、佛龛定神位，制作"香案桌""八仙桌"等细木（小木），选配构件尺寸的尺，建房时也必须使用。每尺分10格，名曰：财、失、兴、死、官、义、苦、旺、害、丁十字。其中一般只可用财、兴、官、义、旺、丁六字，个别的地方只用财、官、义、丁四字。每尺为1.28鲁班尺，每格为1.28鲁班寸。

闽南民居建筑中的一些技艺通常是师徒相授，父子相传，一些民间匠师还用手抄本的形式把业内相循的一些规矩和传统记录下来，成为一种心得，或称为"尺寸白簿"，或称为"尺白真抄"。笔者曾经留心观察这些民间手抄本，发现其中虽大同小异，但在尺白的讲究方面，几乎同出一辙。对尺白的讲究，目的就在于所建之房能长居久安，但天下岂有不坏之房，根据传统的说法，建房时之所以这么讲究，就是有朝一日房屋毁坏，可以做到人无险情，这似乎可以说明，在许多古建筑毁坏倒塌之时很少出现人压其中的现象。（以上根据闽南红砖民居建造师傅张银进、陈渊浪、林田曲的叙述整理）

外行人一看到这么多的规矩和复杂的尺寸，可能会一头雾水。但是，工匠们在使用这些尺寸时，可是毫厘必准，丝毫不马虎。依照老一辈工匠的说法，如此认真地讲究分毫不差，甚至讲究施工的时辰，为的只有一个目的，就是尽量确保房屋主人及其后代子孙居住的安宁。工匠们深知，世上哪有不朽的木头，哪有不坍塌的房屋，之所以有以上诸多的讲究，旨在护佑人们在意外到来时，可以免受其害。传说，许多在时辰和尺白方面有讲究的老房子，每当遭受意外或坍塌，总是屋虽损而人平安。这就是古人的用意。

• 院落厅堂皆按尺白规范（刘心怡摄）•

❀聚焦双方斗艺，尽显工匠精神❀

　　在闽南民居的建造中还形成了一种特有的行规文化，主人为了激励工匠们亮出最好的手艺，会使出一个特别的招数：在施工时请来两班施工人员，两班施工人员各负责一半的工程，到了结合处时两班人员相互融合，而平时施工时则用布幔遮掩，谁也不让对方看见自己的看家本领。

　　通过这种形式的斗艺，主人往往会收获最好的施工效果。双方匠师甚至会"赌气"地向主人保证，如果自己技不如人，工资分文不要，这么一来，哪个工匠还肯落于人后呢？

　　在厦门翔安东界北里106号一栋建于清末民初的古厝门庭上，就留下了很明显的斗艺痕迹，门庭上有一副楹联：司马公家训积德当先，东平王格言为善最乐。双方各用灰泥塑来雕琢其书法，笔锋顿挫皆不差上下，实在是难分高下。而在楹联下的须弥座，双方则各执巧思，上联的施工者用的是虎脚花沿装饰，使石材硬中显软；下联

• 斗艺呈现出的不同须弥座 •

的施工者，施工时则秘而不宣，当施工完毕之后，下联的须弥座并无一丝一毫的花卉雕刻，而是呈现出其直如线，其竖如锋，其平如镜的效果，懂行者一看就知道这不是一般的功夫。因此，房屋建好之后，因为有了这道特殊的风景而备受来宾关注，据说，双方斗艺的匠师各自表态，称赞对方，自愿走人，主人也一时难定优劣，为了一团和气奖励工匠精神，两方都给了成倍的报酬，可谓完满落幕。

其实，在闽南众多古民居中，只要你细心留意，会发现不少古民居都留存有斗艺的痕迹，而这种风尚，一直持续到20世纪的60年代，在同村的一栋建于20世纪60年代的传统民居里，主人还清楚地记得，当年他们也是请来两班工匠，主人对两班工匠都不亏待，工匠们也都使尽浑身解数，建出了高质量的传统民居，经过一个多甲子的岁月沧桑，这栋民居完好如初，不能不说工匠的斗艺和工匠精神提升了建筑的质量。

在不断的历史累积中，闽南民居建筑成为一种诗意地栖居在大地上的居所，而且在格局上形成了一种既稳定又灵巧多变的民居建筑特色，在统一中有个性，在个性中有统一。它除了承载工匠精神，更注入了丰富的人文气息。明清之际，随着郑成功收复台湾，大量闽南人进入台湾垦殖，闽南民居建筑也随着闽南人在台湾的定居，在宝岛上奠下根基、开枝散叶、绽放异彩。

大地居所巧演绎

第一节 大厝格局 稳定灵活

从大量遗存的闽南民居建筑中可以发现，闽南民居建筑有一个不断发展和完善的过程，在民居建造过程中，主人的经济实力、文化品位、兴趣爱好，建筑师的手艺高低都会最终体现在建筑上。但是，不论主人的品位如何，闽南民居中的红砖大厝，以中轴为尊和左右对称的美学理念，却是无法撼动的。梁思成曾经这么评价对称之美："中国建筑，其所最注重者，乃主要中线之成立。无论东方、西方，再没有一个民族对中轴对称线如此钟爱与恪守。从皇家宫殿、公共官署、佛道庙观以及一般民宅，都依严格的中轴线分布：从群体组合到一室布局都呈现出中轴线的特征。"①

正如梁思成先生所言，闽南民居作为中国最具特色的民居建筑之一，从它一成规模便强调中轴与对称，简单地说，房屋的主体以中为尊、以中为重。这里的"中"并不是绝对的，一座大厝最重要的主体一般是一房两厅，延伸出来的榉头是主体的陪衬，就很形象地体现了以中为尊、以中为重的格调。一座三落的大厝，两旁的护厝是陪衬，中落是最重要的，祭祀祖先、菩萨，会客，举办家庭仪式都在中落，再次显示了以中为尊。随着格局的发展，后来还出现了一种称为"五间张大六路"的格局，中为大厅，两边各两间房，但中还是为尊。后来，又出现了一种规模更大的格局，如五落两护厝，五落四护厝。一个五落四护厝的大宅院，有房间百间。

除此之外，还出现了单护厝、单榉头、双连院、三连院、长院连贯、大厝横排十数栋等格局。层级上，也随着时代的发展有

①孟杰、强亚莉：《中轴对称与建筑礼制》，《中华民居（上旬版）》2016年第4期，第12—23页。

所变更，有前楼后院的，也有前院后楼的，并且出现了夹脚楼、绣花楼等多种在红砖大厝的基调上衍生出的特色结构。

除了单体的建筑之外，更有一些规模宏大、规划有序的古代民居建筑群。厦门海沧区新阳街道，古代这里被称为新垵下洋，此处流传有俗语"有新垵下洋的富，没有新垵下洋的厝"。泉州南安官桥的蔡资深古民居群，几代人精心营造，拓展规模，蔚为壮观。漳州埭美古民居群，依傍水边，俨然成片，美轮美奂。随着人口的增加，经济的发展，族群的兴旺，民居建筑提升建筑质量，在一定的历史时期内势在必行。以家族或族群为基点，闽南民居建筑形成了由单体到群落的格局延伸特点。

除了各种落的格局之外，还有棋盘厝、同字厝、吊脚楼等格局。

•一落双櫸头（李梦丹绘）•

•二落大厝（李梦丹绘）•

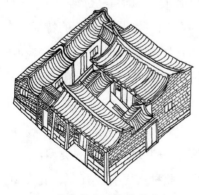

•二落单护龙（李梦丹绘）•

•三落大厝（李梦丹绘）•

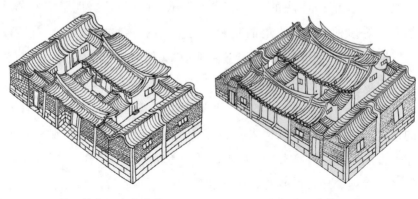

•双落双护龙（李梦丹绘）•   •大六路（李梦丹绘）•

•连院式（李梦丹绘）•

　　闽南民居屋顶上用的瓦片，通常是用带有弧形的"笑瓦"和"趴瓦"来构建的。闽南民居除了常规形态的建筑形式之外，还有一种叫作"皇宫起"的建筑形式。"皇宫起"有一个最为显著的特征——屋顶所用的"趴瓦"是"筒瓦"。"筒瓦"在封建时代只有皇宫和寺庙才可以使用，而民间是不能使用的。"筒瓦"在防雨和防晒的功能上明显优于一般的瓦片，而且它能使整个建筑的屋顶显得华丽而气派。

　　俗称"皇宫起"的官式大厝是闽南一带最为典型的类型，尤其在泉州一带，在广东潮汕地区也可见。此种大厝有三开间、五开间、带护厝、突山厅堂，两边对称，横向扩展布局，纵深有二落、三落、五落不等，以天井分隔院落和单元，庭、廊、过水贯穿全宅，这些部分比一般的民居建筑会建造得更加讲究。

•独具闽南特色的"皇宫起"屋顶（王力铭摄）•

关于"皇宫起"的由来，民间也有多种传说。

其一是相传在唐昭宗光化年间，有泉州籍美女黄小厥被闽王选入宫中，被立为王妃。有一日大雨，闽王见爱妃坐在窗前流泪，便询问其中缘由。王妃答道："想到亲人身居茅屋，又地处滨海。如今雨这样大，一家人不知道要遭受多少罪呢！"闽王怜惜她牵挂亲人之情，许诺道："爱妃不用烦恼，寡人赐你府上建皇宫式的房屋！"王妃听罢，立即跪下谢恩，并对传旨太监说道："陛下赐我府可建皇宫式的房屋，你速去传旨。"闽王说的"你府上"本是单指王妃的家，但她说成"我府"是故意含糊其词，让太监误以为是指整个泉州府，以造福家乡。于是整个泉州府纷纷仿效王府，建造起形似殿宇，富丽堂皇的房屋。其间既有天井相隔，又有回廊连接，更有燕尾脊直指天空，像宫殿一样金碧辉煌。后来，闽王接到密报说泉州有人建造起皇宫式的房屋，不由得大怒，不仅下旨责令他们停造，还要追查处罚。经太监提醒是他自己准许的，闽王这才恍然大悟。但因为君无戏言，最后也只好作罢，但禁止后续再建造这样的房屋。

其二说的是惠安县张坂乡的美女黄淑莲被选入宫中为妃，联想母亲住房时常漏雨，闽王怜其孝心，而有"皇宫起"的故事。还有的说得更远，说的是唐代的梅妃江采萍，然而故事梗概基本与上无异。

虽然这些都是传说，但在闽南以及潮汕确实至今存有大量"皇宫起"的民居。笔者还在实地调查中发现，有些"皇宫起"的古代民居的屋顶是"筒瓦"和"趴瓦"混用的，民间的说法是当年皇帝下旨之后，有的百姓只做了几道"筒瓦"就被叫停了，于是这种形式被保留了下来。但从建筑学的角度分析，屋顶的靠墙部分用几道"筒瓦"确实对保护屋顶的排水性与稳定性起到了非常重要的作用。从传说和现存实物中也可以分析出，不管其形成的原因如何，确是在建筑材料运用上的一种进步。由此还可以揭示，闽南民居建筑在发展中，在材料运用方面是具有创新性和灵活性的。

❖ 建筑技术　完善创新　文化内涵　不断充实 ❖

除了在建筑本体上，闽南民居建筑在保留主体格调的基础上，一直在完善和创新，在格局上也不断对空间应用勾画新的成分。

本来民居建筑主要考虑的是居住的实用性，格局范畴基本上在生活这一方面，随着社会的发展和闽南人眼界的开阔，闽南人注意到家庭教育是非常重要的生活内容之一。所以在民居上就出现了专门供教育使用的空间，称为家塾。有的家塾的设置是在房屋主体的护厝部分辟出教学区，形成专门的空间。比如，厦门古民居庆寿堂中的"观圃"、漳州古民居张夜合宅的"省斋"、泉州同安县的"璧轩"。"璧轩"是清朝同安举人洪国器所题，并有楹联云："璧圆圭方君子比德，轩霞仙露达人会心。""省斋"有一副楹联云："省身诚切勤求道，斋室清和好读书。"从这些家塾的命名上可以体会出主人的用意，还可以看出这些家塾的在建筑格调上特别讲究清雅和环境的布置，为的是让族中子弟有一个良好的学习环境。这体现了闽南人对教育的重视。

在这些家塾中，有的还为教书先生专门营造居室，体现出了闽南人的尊师重道。台湾板桥林家构建时，将所设计的书房称为"汲古阁"，令人没想到的是因为海峡两岸人文的渊源，汲古阁后来成为台湾最早的图书馆和博物馆。这是因为当时板桥林家聘请了闽南的三位先

·台湾汲古书屋古色古香·

生——吕世宜、谢琯樵、叶化成，他们都是闽南大儒和书画家，尤其是吕世宜，他把自己多年珍藏的古籍经典、金石实物及彝鼎铜器悉数输进了汲古阁中，汲古阁也因此被称为台湾最早的图书馆和博物馆，吕世宜则被称为台湾的"图书馆之父""博物馆之父"。

·古同安县民间私塾璧轩·

❧ 宜室宜家　向优向雅 ❧

　　民居建筑的基础功能无非在宜室宜家，闽南民居建筑在发展中其格调不断地向优向雅，所谓的优就是质量的提升，所谓的雅就是文化艺术内涵不断地充实。

　　早在清代康熙年间，靖海侯施琅就在泉州营造有春夏秋冬四个不同内涵的园林式民居，可惜原状现今不存。目前，泉州较早的古民居向园林演化的是"梅石山房"或称"梅石书屋"。梅石山房位于泉州城内登贤铺玉犀巷，初系乾隆年间举人黄念祖之私塾。嘉庆二十四年（1819），其长子黄宗澄亦中举，仍然热心文教，对儒家经典身体力行，据说出其门下者，多登高第，计中进士者二，举人十余。黄宗澄的弟弟黄宗汉于道光十五年（1835）中进士，入翰林院。这处山房实际上是黄家的居所，道光朝后期，宗汉连任川、广总督，山房乃增有假山。因立有梅花石，故题其额曰"梅石山房"。

　　闽南民居建筑发展成园林与当时文人士大夫的文化取向和经济发展相关。在漳州，建于清代道光年间的可园，也是民居园林的一种混合体。可园原来的主人叫郑开禧，从1814年考中进士，到1844年回乡写《可园记》的30年间，郑开禧的官职从内阁中书（从七品）到吏部员外郎、文选司郎中（正五品），再到广东粮储道、代理广东盐运使。因政绩良好，郑开禧被提拔为山东省盐运使，为从三品。郑开禧还和两位名人有关联：生前，他为纪晓岚的《阅微草堂笔记》写过再版序，史称"郑序"；死后，林则徐为他写了墓志铭。郑开禧亲自撰写《可园记》，文曰："物之可以陶冶性情者，不必其瑰丽也。渔人饱饭而讴歌起，其乐常有余；朱门晏食而管算劳，其乐常不足。何也？可不可之致殊也。余客游十三载，所见名山水园亭，类多瑰奇佳丽；而美非吾土，过焉辄忘。丁酉自粤归，其明年得邻人废园，有池半亩许，可钓。因相其所宜木，可竹竹之，可松松之。建阁其上，

•漳州可园一隅（林鸿东供图）•

时与素心人觞咏于此，可以寄敖，可以涤烦。阁上拓窗日望，则紫芝、白云诸山，苍翠在目，可当卧游。阁之后有圃可蔬，有塘可荷，有亭可看云，可停月。前楹有堂，可待宾客。西列房舍，可供子弟肄业。苟完苟美，不求佳丽，而四时之乐备焉。既成，名之曰'可'。苏子有言曰：'夫人苟心无所累，则可忧者少，可乐者多，又何适而不可哉！'道光甲辰十一月余生记。"① 从园记中可看出，可园是兼有居住的功能的，并不是单纯只供玩赏的园林。这也形成了闽南民居建筑在发展中即使上升到园林也不放弃居住功能的特点，而且对此后的发展影响很大。光绪年间，厦门海沧的莲塘别墅也是一处园林式的民居建筑。这种民居、园林相交融的建筑模式还传播到了台湾。

此外，闽南古民居建筑中并非一味都是平房，厦门海沧祥露庄建于清光绪丁未年（1907）的"爱吾庐"古楼就是闽南味十足的双层古厝。在闽南的高层建筑中还有一种被称为碉楼的建筑，属于豪宅的附属建筑，起到居高临下保护宅邸的作用。

---

① 青禾：《可园》，《福建文学》2019 年第 2 期，第 104—108 页。

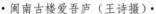
·闽南古楼爱吾庐（王诗摄）·　　　　·民居聚落中的碉楼·

第二节　人屋相爱　弘文纳新

　　日本建筑学家中村拓志在《恋爱中的建筑》一书中提出：人与建筑的关系应该像谈恋爱一样，让使用者发自内心地爱他所使用、所生活的建筑。[1] 在闽南民居的建筑语境里，很早便体现了中村拓志的爱恋观念，也就是"房屋爱人，人爱房屋"，这种体现在爱与被爱之间的关系是相互的。

❀海洋文化　融入民居❀

　　闽南人爱自己的房屋，首先是基于对环境的爱。他们把闽南那种与海相通的气息引进了自己所爱的房子里。千百年来，闽南一带

―――――――――

① ［日］中村拓志：《恋爱中的建筑》，广西师范大学出版社，2013 年。

一直是阵阵涛声、片片帆影，《海澄县志》记载："土人以海为生活，小艇片帆每截流而横绝岛，奇珍宝货亦时时至。"[①] 闽南人的生活自古就与大海结下不解之缘，而通过大海前往他乡异域，又承载了人们发财致富的梦想。当人们果真满载而归，首要之务就是营造自己理想的家园，而在房屋建造中，主人往往又将海洋文化的景象定格成房屋的装饰，这就使得闽南古代民居蕴含了丰富的海洋文化气息，这种特质在整个中国的民居建筑史上，是有其独特而绚丽的一页。

闽南人下南洋，带去家人的希望，带回生活的依托。可以说，下南洋的先辈在故里建起来的居所就是漂洋过海而来的：资金是通过海上贸易辛苦赚来的；木料和装饰材料大多从南洋带回；屋内摆设也随处可见海洋气息——在一些华侨所建的民居中，可以看到其先人从南洋带回的西洋镜和西洋钟，历经沧桑依然光可鉴人。

· 古厝壁画上的蒸汽船 ·

---

① 龙海市地方志编纂委员会整理：《海澄县志》，海峡书局，2017年。

闽南现存古民居的壁画上随处都有特有的海洋文化气息，在一些古厝的"水车堵"上可以发现栩栩如生、形态各异的鱼虾雕塑，除了滨海景观，甚至还发现许多古民居的壁画上出现形态各异的船只。在一座叫永裕堂的古厝内，门梁上绘着一艘鼓动着风帆的多桅帆船，很容易辨认出是西洋船只；古厝内的另一幅壁画上绘着两艘带眼睛的船只，一艘卷起布帆，另一艘的竹帆则迎风招展。带眼睛的船只在闽南一带出现，老造船师傅说，维修的时候，船不离水，但通过丈量船眼睛的长度便可知船龙骨的长度，先人的智慧真是绝妙！竹帆也是南宋时期闽南特有的产物，较之布帆、草帆，竹帆更加坚固耐用。房梁上不仅绘有古代帆船，还绘有两艘冒着浓浓黑烟的蒸汽船，在它们旁边，竹帆船显得娇小玲珑。当年闽南一带内外商贸往来频繁，船只琳琅满目。昔日的港口渡头在沧海桑田之中变迁，唯有砖瓦横梁之上的一笔一画记录下过往的繁华。我们只能借由这片片帆影回溯那段辉煌……

· 木雕上的船 ·

· "水车堵"上的剪瓷船 ·

❧ 文化气息　兼收并蓄 ❧

闽南人热爱居所的文化思维，可由闽南民居中房屋的命名展现。例如，出生在金门西村的吕世宜，他曾受聘担任台湾板桥林家的西席，中晚年居住在厦门时，便将自己的居所命名为"爱吾庐"。他的旧居在厦门的盐溪街，风光秀丽，门前溪水流过，这样的居住环境他当然非常喜欢，而他的房屋也建造得很有格调，吕世宜酷爱金石名帖，用了许多汉唐名帖书法来装饰他的居所。他对居所的爱也抒发在了自己的传记作品中，他还将自己的诗集命名为"爱吾庐诗抄"。除此以外，在泉州、厦门、漳州有许多民居的牌匾上都表达出了居住者对于居所的厚爱和寄望。例如，华安县仙都镇大地村命名为"二宜居""二宜楼"的一座民居。始建于清乾隆庚寅年（1770），距今已有两百多年历史。建楼者为蒋仕熊与儿孙三代人，用了30年时间才始告建成。所谓"二宜"是指"宜家宜室""宜山宜水"。此二宜楼便很能体现出中村拓志所说的恋爱中的建筑物的旨趣。

　　闽南人还会在居所当中注入文气，将古代的名篇作为民居的装饰。例如，朱柏庐的治家格言，"黎明即起，洒扫庭除，要内外整洁；既昏便息，关锁门户，必亲自检点。一粥一饭，当思来处不易；半丝半缕，恒念物力维艰……"既是一种家训，也体现了人们对自己居所的爱。有些人会根据自己的文化爱好在民居中通过楹联来表现自己的追求，如"一等人忠臣孝子，两件事读书耕田"，体现一种耕读传家的风尚。有的民居会把为人处世的道理雕刻在构件里，如"受施勿忘，施人勿记"，既身体力行也启迪后辈，有的甚至还会卖弄文采，刻意选用钟鼎文、篆书，甚至是名人的法帖等来装饰民居，令人驻足品味、思索良久。特别是在封建时代，闽南科甲鼎盛，闽籍状元、榜眼、探花都有其人，人们会请状元王仁堪、吴鲁等为其新居题字，而这些名声显赫的人物，凡有主人盛情邀请一般都不拒绝，也形成了闽南民居建筑的一道亮色。

　　闽南民居建筑的另一个显著特征是随着时代变迁，建筑形体在变化不大的前提下，纳入新鲜的材料或新鲜的形式。传统民居在梁柱衔接部分，经常雕刻有一个力士的形象，随着闽南人闯荡海上丝绸之路，他们发现，洋人的形象很适合来代替力士，所以就有了洋

•洋妞成为古厝构建（苏雪芳摄）• 　　•洋人守门，别具一格（李欣摄）•

人扛梁的形象。厦门岛内思明南路一栋建于清末的李氏老宅（目前
已列为危房），外观上是非常传统的燕尾飞檐，而在材料运用上，则
用水门汀（水泥）来塑造许多雕塑构建，这在闽南的古民居中并不
常见。当年的匠师用"古厝其形，装饰西洋"的思路来进行装饰，
在山花下采用了洛可可式的花卉来塑造，特别是中心部分挺出了一
个安琪儿的头像。尽管该房屋已经历尽沧桑，岌岌可危，而笔者于
2021年的夏季进行现场考察时，这些花卉在经历百年之后仍清晰可
见，安琪儿也仍然面目清晰。

　　鼓浪屿上始建于1921年的海天堂构，门庭上保留了闽南民居的
燕尾脊和燕尾脊上的龙，但新增了瑞草和凤的立体造型；在材料上，
已用水泥来代替传统的三合土材料；门庭仍然有名人的楹联和精美
的书法，让人明显地感觉到在传统基础上纳新的气息。在古漳州海
澄县的张允贡故居，进门左右两道墙上一面刻有法国田园诗人的诗，
一面刻有古文言的诗。还有把外国的壁炉、避雷针引入民居内的。
如海沧温厝村的李家古厝，房顶上有一根锈迹斑斑的避雷针，据房屋主人后裔介绍，这根避雷针从古厝建成时即已安装，至少有百余年历史，是海沧红砖古民居中最早的避雷针。在当时，避雷针是最先进的科技之一，人们闻所未闻、见所未见。有了避雷针，这栋古厝百年来得以避免雷击。

第三节　闽南民居　跨越海峡

闽南文化学者陈耕指出，闽南文化并不是恒定的地域文化，它是民系文化，其范畴随着闽南民众的播迁、开拓而不断地延伸。最先它渡过海峡，到达了台湾岛，而后超过国界，随着闽南民众的漂洋过海，到达世界的另一些地方。闽南民居建筑，在台湾落地生根，并绽放异彩，始于闽南人大量渡台垦殖的时期。明末清初，陈永华在台湾大兴文教，随着郑经到台湾的闽南人在台南兴建了闽南民居与闽南式的孔庙，其建筑构造、技艺和所使用的材料，基本上都与闽南民居建筑相同。

在台湾的历史发展中，出现了三处经典的园林式闽南民居建筑：台北板桥林家花园、雾峰林家莱园、竹堑潜园。

首先是板桥林家花园，其别名为林本源庭园，又称板桥别墅，位于台北县板桥镇西北隅，这处华丽的园林式民居，是从福建漳州龙溪到台湾垦殖的林氏家族在台开基后兴建的。开基祖林应寅于乾隆年间到台湾当私塾先生，其子林平侯，颇有经商才能，成为台湾巨富。清嘉庆二十四年（1819），林平侯在台湾垦殖致富之后，怀念家乡宗人的疾苦，决心加以赈助，择定吉尚村潭头地方筹建林氏义庄。经过近两年的营建，于清道光元年（1821）建成，建筑形式为闽南民居建筑。咸丰元年（1851），林平侯之子林国华、林国芳兄弟，在板桥仿家乡龙溪义庄的建筑形式建三落大厝。林家第四代林维让与林维源兄弟，又建造了五落大厝。后来，又经过了几十年的经营，

·板桥林家花园·

在三落大厝和五落大厝的基础上,构造成园林式建筑群。从这里可以看出,闽南民居从单纯居住功能的结构向园林式庭院的发展演绎,在板桥林家花园得到了很好的体现。

板桥林家花园的另一个名字林本源庭园,体现出了当时林家不忘祖地的情操。本源是一个家族的名号而不是人名。板桥林家的第二代林平侯有五子——国栋、国仁、国华、国英、国芳,分别立五号——饮、水、本、思、源。以国华"本记"和国芳"源记",对家族发展影响最大,故合称"林本源"。

从咸丰元年建大厝,到光绪十九年(1893),园林基本落成。这一过程,前后历经了四十余年的时间,板桥别墅占地总面积超过五万平方米,是清代台湾规模最大的民居建筑,为台湾现有闽南民居古式庭园的代表,素有"园林之胜冠北台"之雅号。

板桥林家花园内的厅、房、厢、廊、庭、台、楼、阁左通右连，曲折回环，富于诗情画意。园中原有白苑厅、汲古书屋、方鉴斋、戏台、来青阁、观稼楼、香玉簃、月波水榭、定静堂等多处胜景。花园墙壁的土窗有八角形、六角形、蝶形、蝙蝠形、钱币形等等。园内栏杆有木质的，也有瓷质的，优美耐用。建筑物上有木雕、泥塑，形态活泼，令观赏者赞叹不已。特别是定静堂墙壁上形状多样的砖片，有八角形、龟甲形、十字形、花卉形等，罕见于其他建筑之中。有人将林家花园称为"人间仙阁"。

甲午战争之后，"乙未割台"，板桥林家秉持民族气节，当时的林家后裔林尔嘉愤然回到闽南，在鼓浪屿上又建出了一座菽庄花园，我们从历史影像中发现，园中的眉寿堂完全承袭了闽南民居的建筑格调。林尔嘉还亲自在菽庄花园内撰文记述建园始末："余家台北故居曰板桥别墅，饶有亭台池馆之胜。少时读书其中，见树木阴翳，听时鸟变声，则欣然乐之。乙未内渡，侨居鼓浪屿，东望故园，辄萦梦寐。癸丑孟秋，余于屿之南得一地焉，剪榛莽，平粪壤，因其地势，辟为小园，手自经营，重九落成，名曰菽庄，以小字叔臧谐音也。当春秋佳日，登高望远，海天一色，杳乎无极。斯园虽小，而余得以俯仰瞻眺，咏叹流连于山水间，也可谓自适其适者矣！林尔嘉记。"文字虽然不多，但无形中牵引出了一段海峡两岸民居园林建筑的渊源。

雾峰林家莱园亦别有一番风韵，其位于台湾彰化的雾峰，1746年，福建平和一个叫林石的人来到台湾彰化开荒拓土，后其家族定居雾峰，勤耕不辍，逐渐成为地方望族。雾峰林宅是台湾现存最庞大、最精致的古建筑群。现存有莱园十景：木棉桥、捣衣涧、五桂楼、小习池、荔枝岛、万梅崦、望月峰、千步磴、夕佳亭、考盘轩。

雾峰林家真正开始族群经营应始于第三代的林甲寅，林甲寅在祖父林石的支持下挑起了家族的重担，开垦种田，伐木烧炭，置产兴业，家业渐兴，岁入稻谷4000石，拥有2600公顷的土地，成为一方巨富。他也开始不断地在雾峰建筑民居，渐渐拓建成了莱园。

雾峰林家莱园在台湾几乎无人不知，这座最早建于19世纪中期的大宅子起初只是一座三进院的闽南式普通农村建筑。经过20多年的扩建，逐渐成为凝聚中国传统建筑文化精华的五进大厝。前三进主屋采用穿斗式构架，第一进及第五进屋顶采用燕尾式，第四进与第五进间采用特殊廊院及穿心亭布局。闽南式、苏式、京式、日式、西洋式，各种风格都有淋漓尽致的体现，成为文物专家口中的"台湾传统建筑百科全书"。其实，这也是闽南民居建筑包容性在莱园的一种具体展现。

莱园的"宫保第"来头可不小，只有被封为太子太保及太子少保的官员才能用"宫保第"作为宅第名称。林家祖先林文察为国捐躯受封太子少保，林文察宅第从此成为台湾唯一一座宫保第。屋角处镶嵌的法国水兵人偶，则是林家赫赫军功的缩影，据说，林氏后裔林朝栋在基隆打败了入侵的法国人后，就把法国水兵形象刻在了屋檐下。有许多闽南民居建筑中，都可以发现洋人的形象。

宅第的"大花厅"是林宅最有特色的景致之一，也是林家鼎盛时期的象征。"大花厅"前端是台湾目前仅存的闽式戏台，戏台下摆着用来扩音的九口大缸，两边是设计精巧的长廊，与戏台构成回字形的剧场。当年建造房屋所用的木材、石料全部从大陆渡海运抵，精细部位也大都出自大陆的能工巧匠之手。

戏台对面即是林家宅第的客厅，里面有仙鹤图案，与戏台上的麒麟图案相映美。它们分别象征着文官一品和武官一品，在台湾仅雾峰林家有此殊荣。

在林家的客厅中，挂有林文察、林朝栋、林祖密的肖像，后人以"三代民族英雄，百年台湾世家"赞誉林家的爱国传统。其实，林家的爱国志士远不止三代人，林祖密的五儿子林正亨先是加入中国远征军打击日本侵略者，后加入中共地下党争取台湾解放，1950年英勇就义。雾峰林家在甲午战争之后，家族主要成员毅然迁回大陆，居住在鼓浪屿，现在鼓浪屿上雾峰林家的宅邸仍存，仍然叫作宫保第，是一座两层的洋楼式民居建筑。

潜园遗址位于台湾新竹市西大路与中山路路口西侧，是新竹文化名人林占梅（1821—1868）于淡水厅城（今新竹市）西城门内住宅旁的私园，建于清道光二十九年（1849）。连横在《台湾通史》中说，占梅工诗书，精音乐，还是个弹古琴的高手。①

此外，林占梅的文化素养也被予以高度肯定。"军兴之时，文移批答，多出其手；暇则弹琴歌咏，若无事然。"筑潜园于西门内，结构甚佳，充满诗情画意。林占梅为人豪爽，"士之出入竹堑者无不礼焉，文酒之盛冠北台"。潜园位于林占梅的住宅之南，向东一直延伸至淡水厅城的城墙下，也是由闽南民居建筑逐渐扩建而成。布局上大致可分为北面的香石山房、观音厅等建筑庭院区和南面的浣霞池区。由宅旁的"潜园门"南行，可至香石山房、观音厅等庭院，因离住宅较近，旧时用作园主的书房、会客厅。观音厅西有莲花池，观音厅南隔长廊即为浣霞池区。

潜园的景观又以梅花为胜，史载"园中植梅最多，红白绿萼，各种俱备。每花开时，游观者络绎不绝。骚人逸客，常借此以开吟社"。光绪二十年（1894）纂修的《新竹县志》中，专门收录了潜园的景致："潜园探梅"采入"新竹县八景"之一；潜园"中有水，可泛舟，奇石陡立；又有二十六宜梅花书屋、爽吟阁、涵镜轩、着花庵、掬月弄香之榭、留客处。创建糜金钱十余万"。林亦图《潜园纪胜十二韵》更具体记述了园内十九处景观。可惜林占梅之后林家家道中落，潜园已不复旧时景观，今之观者，不胜唏嘘。

潜园中的浣霞池是园中面积最大的水体。池西水中建有爽吟阁，是南部水池区中体量最大的建筑。爽吟阁前三面用平顶廊围成水院，水院对内开敞。阁右有廊桥可通浣霞池南岸，阁左连接池北岸的临水长廊，再向东连接碧栖堂。池东岸建有两层的涵镜阁，阁前有抱厦称"涵镜轩"，与爽吟阁相对。潜园中多置怪石，林占梅自称："余园中多蓄怪石，有合于'皱、瘦、透'三字者，峭立可人，因赏以诗。"

---

① 连横：《台湾通史》，广西人民出版社，2005 年。

· 潜园老照片 ·

林占梅经常在潜园中创作诗文，留下《潜园琴余草》等佳作，流传甚远。潜园现在已经有一点衰草荒烟之感，但它仍然不失为一处耐人品味的闽南民居建筑遗迹。

以上的板桥林家花园、雾峰林家莱园、竹堑潜园不仅是见证台湾建筑、园林发展的重要文化遗产，也见证了海峡两岸在民居建筑上的渊源，同时也折射出闽南民居建筑可拓展的巨大空间。

从民居建筑嬗变为园林，这是闽南民居建筑的一种升华。在清代至民国初年这段时间内，闽南园林式的民居建筑不仅在台湾，在闽南各地也多有呈现。这一时期，有一个特殊的历史背景，当时许多下南洋的华侨积攒了可观的财富，回乡建造华屋，表示对家乡的回馈，也是对后辈的一种燕翼贻谋，再则那段时期闽南当地民族工商业得到蓬勃的发展，人在获得事业成功的时候，很自然地会想到为家族和后代建造一个理想家园。以上实例，展现出了从闽南民居建筑成为园林的嬗变过程，闽南民居建筑在闽南文化包容进取思维的引导下，在近代民族经济发展的背景下，在一些有经济实力的氏族的经营下，经过纳新拓展，融进园林，使这一时期的一些闽南建筑外华内美，达到了新的高峰。

体验篇

用脚步丈量，古厝人文，有迹可循

闾阎扑地展大观

历史上的闽南人下南洋，过台湾，带去的是家人的希望、族群的希望，带回来的是生活的依托，甚至是巨大的财富。可以说，下南洋、过台湾的先辈在故里建起来的居所就是漂洋过海而来的：资金是通过海上丝绸之路的贸易辛苦赚来的；木料和装饰材料大多从南洋带回；屋内摆设也随处可见海洋气息——在许多闽南古民居里，还可以探究出其中的人文风采，追溯一段曾经的历史风华。随着社会的发展和经济的提升，在闽南民居建筑中出现了许多宏大壮观的建筑群，形成了聚族而居、守望相助的一种社会形态，也使民居群落展现出特有的光彩。闽南的漳州、泉州、厦门，都存在着为数不少、品位高雅的古民居。

第一节 海丝遗珠 仪态万方

厦门市海沧街道莲花洲的莲塘别墅已走过一百多年的历史，她之所以吸引我们，不只是因其精湛独特的建筑工艺，还有那些隐于历史烟尘之中的金粉世家及民间生活图景。

❧ 红砖古韵映莲塘 ❧

莲花洲上造别墅

在厦门乃至福建近代的民居建筑中，按规模和艺术遗存论，海沧莲花洲"莲塘别墅"，可谓是冠绝闽南大地。 如果时光倒转百年，你亲临莲花洲，乘上一叶扁舟，四周荷绿花红，一路行来，观鱼戏荷；然后，船停码头，拾级而上，走进莲塘别墅里，她不是武陵源，却胜似武陵源，因为她多了一分人间烟火，有着别样的金粉风华。

· 莲塘别墅正面 ·

莲花别墅占地面积8235平方米，由住宅、学堂、家庙三部分组成，将中国农耕时代人居、教育、祭祀三要素巧妙地融合在了一起。莲塘别墅名字的由来，和这里的地理环境息息相关，当年建造者就地取名，莲指周遭的莲花洲，塘为滨水建房，名字既草根又风雅。莲塘别墅的正堂有联为证，"莲不染尘君子比德，塘以鉴景学士知方"。门庭墙壁上还有字字珠玑的朱子语录，所有建筑设计无不传递着一股书卷气，别墅建成之后，这里被辟为莲花学堂。此处墙上饰有金钱形、五福形、寿字形、"卍"字形的立面图案，颜色鲜艳，久不褪色，当代所用的涂料、彩绘、油漆其耐久性根本不能与之相比，足见古人的智慧和工艺。

在莲塘别墅建筑群中，还可以寻觅到在当时相当前卫的西方建筑模式。莲塘别墅的一个个细节既留有传统，也彰显着异域风情。特别是在住宅的门口，檐前一对印度人雕像似在为主人守护门庭。印度人的形象在厦门被称为"马达仔"。清代末年，一些印度人在中国以门卫为职业，闽南一带的洋行、豪宅多用印度人当门卫，而且以此为时尚。与众不同的是，莲塘别墅的"马达仔"是一男一女，真可谓是别具风情。

住宅左右房间的窗帘上，各有一块题匾，分别是：此地半山半水，其人不惠不夷。字里行间的含义耐人寻味。在莲塘别墅的祠堂里，高悬着光绪帝颁发的"乐善好施"的牌匾。或许随着历史的烟云，人们会淡忘曾发生在这里的故事，但是这座百年红砖厝，仍能给世人带来无限的惊叹和回味。

• 莲塘别墅檐前的"马达仔" •

• 莲塘别墅 "其人不惠不夷" 的题匾 •

　　莲塘别墅的建造者陈炳猷出生于1858年，他少年时即远涉重洋
到越南西贡经商，后来拥有10个碾米厂，厂名有万顺安、万德源、
万裕源等，获利甚丰。多年后他携资回乡，由其长子陈其德主持筹
建莲塘社，计有莲塘别墅一座、三落二护厝大屋一座、陈氏家庙一
座。别墅中有中心花园，于清光绪三十二年（1906）建成，家庙于
次年建成。落成后，陈炳猷一家便由祖居地侯塘社（现青礁村）迁
移来此定居。

　　莲花洲上莲塘别墅，果真是一番清雅风韵，其设计精巧，颇得
江南园林之旨趣。莲花洲本是河流中的一个小洲，中有一石莲蓬，
房边有两三块石莲瓣，建造别墅时，工匠巧妙地利用石莲蓬砌假山
一座，假山上植古榕相抱，假山上洞洞相连，上下处绿苔侵阶寒。
另有小拱桥一座，曲廊回折处立一六角凉亭，踞水池之上。据说从
前池中碧水淙淙，芙蓉争妍，池边遍植花木，成为中心花园。每至
夏日，荫凉清雅，微风过处，素馨幽远。莲花洲四面环水，进出只
有一条路，从前用吊桥，现在是一道水泥石桥。

　　住宅建筑称大屋，如今仍是陈氏家族的居所，她是典型的闽南
三落二护厝宅院，历百年风雨，仍保留完整。墙壁上的砖雕，栩栩
如生，堪称精品。有趣的是，陈氏家宅的天井中现存一座戏台，与

· 莲花州上莲塘别墅 ·

厅堂相连，据说演出时，演员可以在里面换装休息。戏台上有翘檐凉亭，可以遮风挡雨，据说原来戏台戏亭有两个，其中一个在20世纪50年代遭遇台风已毁。戏台左右两侧的小凉亭，是上宾看戏的地方。住在这里的老人陈全慈告诉我们，陈氏先人在北方做过官，因此仿照北方戏台的样式建了这座戏台。他还记得小时候家里常请上海等地的戏班来演戏，乡里乡亲也来凑热闹，两侧凉亭坐满了人，连四下的回廊也站满了人，刚开始时正音戏多一点，后来也有高甲戏、歌仔戏。特别值得一提的是，这里天井小院的墙裙均饰以大幅砖雕，高80厘米，长220厘米，配以60厘米的副雕，以松竹梅蕉、兰菊芍药、鸳鸯玉兔、燕雁松鼠为图案，意境高雅，工艺精美，犹如泼墨山水风情画，可以说是闽南红砖民居中的瑰宝；天井里的戏亭和观戏亭中的石雕、浅雕、浮雕均栩栩如生。领略过莲塘别墅的四大特色，才真切体会到它的珍贵。

穿过几道回廊，推开一扇厚重的门，这里是陈氏家庙。在传统的中国社会中，血缘、地缘顽强地维系着族群内部的团结与协作。即便远在异邦，乡人相逢，一个姓氏、一口乡音，平平仄仄中，浓浓的乡情便一点点弥散开来，古厝、鸟鸣、醇香隽永的工夫茶，交织成一幅深深浅浅的故乡图景。陈氏家庙名曰"宛在堂"，门联上书"洲号莲花堂名宛在，乡连柯井山插大观"。全面抗战期间，海沧沧江小学被日机轰炸，莲塘别墅及陈氏家庙便免费提供给学生们作为教室及宿舍。临解放时（1949），三都归侨及地方人士创三都中学。1950年，人民政府接管后改为海澄中学分校。至1956年新校舍建成后，学生才搬去新校舍上课，在这期间莲塘别墅及陈氏家庙都免费作为办学场所。

· 陈氏家庙 ·

在探访中，我们偶遇了陈氏后人，他们向我们展示了一张光绪年间乐善好施牌坊的照片，并向我们讲述了一段祖先心系故里，回乡救灾的故事。

清代末年南靖水患死伤人数众多。陈炳猷、陈炳煌从越南运回大米和大洋来救济灾民。这件事上达天聪，皇帝为之嘉奖，但陈炳猷说他只是秉承母亲的善意，希望皇帝嘉奖他的母亲。果然光绪皇帝下旨，诰封他的母亲为一品夫人，并允许建筑牌坊，以彰其德。这一乐善好施牌坊就建在海沧镇的古道上，是海沧最高大最精美的牌坊，但可惜的是，这个牌坊于20世纪90年代被拆毁。据说，牌坊底下有巨大的花岗岩矿藏，为了开矿，便拆毁了牌坊。那些石料弃置道旁多年无人问津，令人慨叹。

莲塘别墅三大奇景

莲塘别墅负载着深厚的人文，涉身其间，只要你细细品读，就可以发现这种感觉好像回溯在时光的隧道里，在探索，在寻宝。特别是当主人为你撩开历史的面纱，让你感知到昔日的建筑在今天仍然显得那么璀璨，难免会惊呼："太有收获了！"

"水车堵"上惊现通商洋行

在莲塘别墅门庭的"水车堵"上，我们发现了一幅"通商洋行"的雕壁。

"水车堵"是闽南民居建筑中特有的装饰，用灰泥、交趾陶立体地展现戏剧人物、山光水色。莲塘别墅的建造者可谓别出心裁，把海外的见闻"凝固"在了自家的豪宅上。这一"水车堵"俨然是一

• "通商洋行水车堵"（刘心怡摄）•

幅地理人文的画卷，大海是其宽广的背景，近处是中式的亭台楼阁，远处是西洋的楼房，海面上还有几艘"火烟轮"，据说这种式样的船，在百年前是世界上先进的蒸汽动力船，主人把它缩龙成寸用来作为自家的装饰物；而"通商洋行"这个雕壁则位于"水车堵"的中心位置，虽然曾遭破坏，但洋行招牌清晰可见，它的左侧是华夏风光，右侧是外夷景色，这条在屋檐下平时并不引人关注的"水车堵"，刻画出了百年前海沧人放眼看世界的豪情。

番树番花留园中

　　莲塘别墅花园里那些精致的假山、小桥流水给人深刻的印象，有一道奇景却经常被忽略，当年主人利用穿行在海上丝绸之路之便，经常把一些国外的奇花异卉带回来种在自己的花园内，这些花卉大多是多年生草本植物，随着后来陈家家道的式微，这些番花没人照料，任其自生自灭。住在莲塘别墅里的老太太告诉我们，她五十多年前嫁进陈家时，这些番花还有几十个品种，有的开黑色的花，简直让人不可相信，也有宝石蓝的、杏黄的、墨绿的，有的大如牡丹，有的小如梅花，她叫不出它们的名字，统一称为番花；现在花园里的番花剩不到十个品种了，只有一棵番树还长得十分茂盛。老太太说这棵番树是能结果的，每年秋季的时候开黄色的花，结白色的果，果肉嫩软，带有花香，吃起来酸甜，但她也不知这叫什么果。每年春节的时候，这棵番树对老太太来说十分有用，因为初九祭天时，要做红龟粿，通常要用粽叶来垫底，这棵树的叶子就像龟的形状，用它垫底，大小适中，红龟粿蒸熟之后又不粘底，因此这棵番树被老太太称为"龟叶树"。我们造访时适逢老太太做了红龟粿，热情好客的老人家还请我们品尝了这道美食。

❧ 中西合璧构家园 ❧

　　红砖红墙碎石路，行走在海沧区海沧村柯井社，沿着曲曲折折并不宽敞的村道，伴着远远近近的犬吠声，有一种渐渐接近历史的感觉。眼前突然豁然开朗，一幢红砖古厝美轮美奂。推开门，一位老人从屋内走了出来。在我们说明来意后，他表现出村里人特有的质朴与热情。

　　老人名叫张联煌，这幢古厝是他的祖厝——张允贡故居。

传统为体，西洋为用

谈及古厝的历史，老人一脸骄傲。清朝年间，村中许多青壮年为了赚钱养家，纷纷走上先辈们已拼搏了好几代的海上丝绸之路。张允贡当年就是在家门口搭上前往南洋的船只，在安南（今越南）从补麻袋到建碾米厂，再到购买大船从事大米运输生意，张允贡日渐发达，积攒了不少财富。

在异国他乡的海沧华侨，几乎都有一个同样的信念，在南洋赚的钱，首先保障家里妻儿老小的生活，再者，惠及相邻父老，真正发达了，回到故里建个豪宅，了一了思乡情结，同时也光宗耀祖。清朝末年，张允贡带着半生积攒的钱财和来自南洋的建筑材料回到海沧柯井社，由他的儿子负责建了这幢精美的大宅。

这是一幢"三落、双护、大六路"的红砖古厝，门庭的两边，巧妙地营造出了中西合璧的文化氛围。一边是法国田园诗人拉马丁

张允贡故居

的田园诗:"难道就这样永远被催向新的边岸,在这永恒之夜里飘逝着永不回头?难道我们永远在光阴之海里行船,就不能有一日抛锚暂驻?"很显然,这首田园诗是屋主觉得自己辛劳半生,应该回到故里,获得恬淡释然的生活的心情写照,这种心情与诗人的情怀不期而遇,难怪会把它选作门庭的警句。张允贡常年在安南奋斗,当时安南是法国的殖民地,受法国文化影响,当地华侨耳濡目染,所以会将优美的法国田园诗带回故里。门庭上的这首诗还是用法语来写的,登门者能识其真味的,肯定不多。门庭的另一边,是用汉隶写的一段格言,崔子玉的《座右铭》:"无道人之短,无说己之长。施人慎勿念,受施慎勿忘。世誉不足慕,唯仁为纪纲。"看来,主人已经有意安心抛去世俗,长居下来,而且已经不慕名利了,但是,做人的根本——"仁",还是坚持的。

古厝的外墙虽保留了红砖民居的格调,但在装饰上却大量地使用了法国的瓷砖,另外在门廊上方、外墙等处绘有多彩多姿的壁画。为了让自己的豪宅多点文化气息,张允贡在建房时请来漳泉一带颇有名气的文坛、画坛高手到宅中书写楹联、描绘壁画。进门处,一幅古琴图,雅意盎然,画面中一位白发苍苍的儒者,在一块磐石上弹奏古琴,人物的神态自然专注,上有题字"扫石焚香弹素琴",这也许是张允贡对自己理想家园和生活的一种期待。在众多壁画中还有展现辽阔壮丽景观的山水风景图,仔细看,还能发现有些壁画描绘有人们出海谋生的情景,这也许是张允贡出没波涛遍览世界景物的印记。此外,名家挥洒在墙壁上的《兰亭集序》及门庭内的各种题匾和楹联,为整座宅第增加了浓厚的文化氛围和极高的艺术品位。其中有一篇当时的名人为其撰写的铭文,用石刻雕成:大丈夫振衣千仞岗,濯足万里流……道出了张允贡海外创业蹈海踏浪的豪迈气概。

建筑艺术　处处精工

闽南民居建筑的艺术风格可素可雅,很显然这座老宅选择了精工和典雅。张允贡故居中，把石雕艺术、砖雕艺术、木雕艺术发挥得淋漓尽致，这些宝贵的遗存，是这幢古厝带给我们的又一惊喜。据说当年请来了泉州最好的石雕师傅，所雕刻出来的人物、动物、花卉，无不栩栩如生。木雕中的神仙人物、神兽瑞草、花鸟虫鱼，层层镂空，实属巧夺天工。充满本土艺术气息的砖雕数量之多、工艺之精巧令人惊叹，地板上、墙体下部、窗户下、窗栏随处可见各式各样、五颜六色、精雕细琢的砖雕。

•百年前的瓷砖如今仍时尚•

•不朽风华，传统之美•

张允贡故居在注重传统的同时还兼容了西洋艺术，在参观中我们发现房梁上居然有西洋的天使、西洋传教士等独具异域风格的雕刻，大厅的地板上则全部用西洋花砖铺就。经过岁月的洗礼，依旧颜色不改，鲜艳如昔。在张允贡故居里我们领会到了"传统为体，西洋为用"，古人在建筑上的奇思妙想不能不让人赞叹。

❧ 满屋文采 喜亭古厝 ❧

同安的过溪，好一个灵秀之地！那条蜿蜒的绿水淙淙而来，两岸是描不尽的田园秀色，有几分世外桃源之感。以"过溪"（旧称裔魏）为名，名副其实。在这悠然田园的景象中，藏了一座别具特色的闽南民居，这座古厝最近又重新修葺，焕发出令人动容的古韵风采。

满屋弥漫文采

进了过溪村，很快便能找到陈喜亭的古厝。陈喜亭是民国初年一位常年在新加坡经商的儒商，在民国《同安县志》里有简短记载，陈喜亭交游甚广并喜欢文墨，曾搜集清末民初许多海内外文化人士的墨宝。这座古厝堪称是隐匿于山村里的"书画艺术馆"。陈喜亭古厝为两进双护龙，建筑颇为精美，门庭装饰以交趾陶为主。交趾陶艺术在这里发挥得淋漓尽致，当年的装饰光彩依然，鹅卵石的墙基别有韵味。

真正令人惊叹的是，位于山村的这座古厝里汇集了从清末到民国这个时期众多"国家级"的文化名人的书画，只不过不是用原件的形式来展示，而是用闽南民居建筑的艺术形式来展现，使这座古厝成为历史墨宝的集大成者。

许多画作用交趾陶来展现，其难度可想而知，要把原作的色彩、墨迹浓淡的效果移植到交趾陶上，并镶嵌于墙体之中，谈何容易。花鸟瑞兽，鱼龙人物，只作边幅装饰，主体装饰则是摹刻了名家画作或书法的全幅，且署有落款、年份，最迟的是"民国三年"（1914），这也许是交趾陶最后的辉煌。前堂和中厅那些"当时在国内外名噪一时"的文化名人的书画作品经雕琢之后，都成了建筑的有机组成部分。

原作画家为高峻的交趾陶作品"梅花喜鹊"图，署有"姻兄陈喜亭正"的落款；"有才子显亲扬名……"是康有为的赞语；篆书"绎山碑"系伊秉绶之子伊玉熏所作。古厝中有一副郑孝胥的手迹，"杖藜随水转东冈，兴罢还来赴一庄。饶笑是非谁入梦，固知余习未全忘"，诗意清丽，书风俊逸，虽然是用大漆和推金的手法来展现，但仍然有非常严谨的保真性，让人一看便知是金石家手笔。可惜郑孝胥后来沦为汉奸，书法虽好，人品却备受非议，而陈喜亭此处保留的手迹为其沦为汉奸之前，也算是留下了一点特殊的历史印记。

· 满屋文采 ·

细细揣摩古厝里的这些书法和图画，又有出乎意料的收获。这些墨宝不是从他处摹刻，这些文化人全部都与古厝的主人陈喜亭有书画缘。清末改良派领袖康有为、清末武状元后任福建护军使的黄培松、民国初年的福建省省长萨镇冰、护国联军司令唐继尧、厦门道尹吴山、南侨诗宗邱菽园（海沧人，长居新加坡）、著名侨商黄仲训、厦门大学校长林文庆等均与陈喜亭有文字交谊，可见其交游之广。

孙中山、黎元洪为之题匾

尽管吴锡璜编纂的《同安县志》中提到了陈喜亭，但对他的生平并未有过多的着墨，这不禁使我们对陈喜亭的身份产生了浓厚的兴趣。

在古厝中，我们寻得喜亭先生肖像一幅，内中题有一诗曰：

回首中原万里云，明公海外久宣勤。

任兼劳怨常分我，事到疑难只赖君。

收拾侨心培国脉，力扶正气靖妖氛。

大名早自腾诸葛，休负邦人属望殷。

朱光坤资生倚装濡笔

读罢题诗，可知陈喜
亭是当年在新加坡有声望
的侨领人物，但文史资料
收录有限。正当我们感到遗
憾的时候，同安收藏协会的
吴鹤立先生给我们提供了
自己珍藏的有关陈喜亭的
宝贵资料：前清举人、南侨
诗宗邱菽园有这样的记叙：
"喜亭君者，少本习儒，学
识宏通，壮岁渡南，起家商
业，对于宗邦（祖国）闾里
公益事，靡不尽力，以是
名闻遐迩，京政府颁给五
等嘉禾章，黎大总统手书宣勤海外匾额……"

·陈喜亭像·

为了证实是否真有黎元洪的题匾，我们再访陈喜亭古厝。但我
们除了又发现多幅书画雕刻作品，并未见到匾额。正当我们无奈之
际，一位青年人出现了，他名叫陈志钦，是陈喜亭的裔孙。他告诉
我们这座老房子建于清末民初，历经数年营造，建成时已是民国三
年（1914），祖上陈喜亭是新加坡巨商，事业有成之际回乡建此房屋，

之后又赴新加坡，由于种种原因，这位"大名早自腾诸葛"的人物，在国内几乎史料不存。当我们问及是否真有匾额时，陈志钦告诉我们，匾额就在奶奶家中。陈志钦的奶奶住在"城内"，于是我们又驱车赶往"城内"。当金灿灿的古匾从老床背后拖出之际，不由令人眼前一亮："宣勤海外"四个大字赫然在目，上署"喜亭侨商"，下落"黎元洪题"并有两方印章。陈奶奶告诉我们，古厝中原有十块匾额，如今只留下这一块了。据说其中有一块是孙中山题给陈喜亭的，上书"海外侨屯"。

· 黎元洪为陈喜亭题的匾 ·

正因为有了这座古厝的存在，陈喜亭不至湮没于历史尘埃，杳然于逝水流年。这座古厝富含的文化艺术价值以及其中的史迹和故事，可称得上是历史的宝库，而对这个"宝库"的钩沉则刚刚开始。

❧ 华侨建古厝　辉映山顶头 ❧

在翔安马巷有一个以陈姓为主的村庄称为山顶头，这个村庄曾经走出一位在越南有着很高声望的厦门籍华侨陈允济（又名陈玉济，1855—1921）。我们和专家走进山顶头村，找到了陈允济的故居，有了许多可贵的发现。

古村傍海，南洋创业有渊源

山顶头村，现称郑坂社区山顶头村，与古港唐厝港（又称塘厝港）毗邻，站在村口便可以眺望同安湾大桥。进入村中，村民们热情好客，有种"故人具鸡黍，邀我至田家"的亲切感。当我们提到华侨时，他们兴致勃勃地告诉我们村子里几乎每家都有远下南洋的亲人，这让我们感到奇怪，为何整个村庄都有这个风尚？原来这里临近海边，但土地并不肥沃，村民生活贫困，于是有志之士都想去海外创业。从唐厝港乘船到厦门岛，再从厦门岛扬帆下南洋。厦门岛是下南洋必经的中转站。到南洋创业打拼，成了这里许多人的梦想及脱贫致富的首选。

当时山顶头村村民下南洋的首选地是越南，之所以选择越南主要是因为越南水路便利，且盛产大米，民以食为天，对于当时以水稻为主产业的村民们来说，去越南无疑是上佳之选。而且村里早已有人在越南创业，出门一家亲，同宗同祖，置身异国，互相照应，互帮互助已经成了优良传统。

山顶头村还有个约定俗成的风俗，华侨事业有成后回乡娶妻生子，之后把老婆、长子留在家里，把次子带出去，虽长期在外漂泊，但对家中亲人不离不弃，不管在外怎样都定期寄钱回来。提起陈允济，村里几乎无人不晓，据老一辈人讲：陈允济，当地人又称他"番济"，生活于清末民初，是山顶头村华侨的人杰，当年号称"同安出南门桥首富"，他富而不骄、造福乡里是有口皆碑的。

少小离家，立足异邦心怀故土

年少的陈允济和大多数农村孩子一样，家庭贫困，只读过几年私塾，可是他胸怀大志，不甘苟且度日。那年又遇荒年，一日他在海边看见村里许多人正准备登船下南洋，陈允济当下便决定跟他们一同上船。据说，他连家也没来得及回就跟着村里人踏上了下南洋的征途。

陈允济到了越南南部的永隆，异乡飘零，其艰难困苦自不待言，但凭借着华人吃苦耐劳、勤俭节约的本色，加之他平日诚信厚道、

敢作敢当，逐渐受到大家的拥戴。有一年，越南永隆一位庄园主新
收成的稻谷堆积成山，还没来得及收藏天却突降暴雨转而淫雨霏霏
十数日，竟使谷子长出了幼芽，几日间黄澄澄的新谷变作绿油油的
嫩芽。主人见此景，只好将这批稻谷低价转让，以期减少损失。尽
管价格低廉，许多商人并不敢购买，但是陈允济却富有魄力，接下
这笔买卖。搬运中，他惊喜地发现冒芽的仅仅只是表层的稻谷，而
底下多数照旧是金灿灿的谷粒。陈允济由此开设了谷米经营店铺，
后来生意越做越大，发展成为富甲一方的巨商。他在越南永隆扩建
了福建公所，接济初到越南的同乡，并且出资在永隆修建了供奉关
帝的永安宫，缓解侨胞们的思乡之情。洪卜仁先生一行曾到越南，
看到这座关帝庙至今保存完好，庙内的匾额和古钟上还镌刻着陈允
济的名字。

· 山顶头村的陈允济古厝 ·

事业有成的陈允济时时挂念故里，还出资在家中开办私塾，以便村里的孩子们可以读书识字。他虽读书不多，然深知知识的重要。有一位外亲郭国泰那年才八九岁，家中穷困，值钱之物只有一头耕牛，其父本想把这头牛作为家产传给他，让他从小放牛，日后务农。那年陈允济回乡探亲，劝郭父让郭国泰到他办的私塾学习，没想到他这一劝说，改变了郭国泰一生的命运。郭国泰聪明好学，认真刻苦，几年后他到了新加坡，事业有成之后感佩陈允济对教育的重视，出资在马巷后仓兴办了国泰小学，可以说陈允济的精神在他身上得到了弘扬。

在陈允济故居中还发现了这样一副楹联："教子读书无致临时搁笔，治家勤俭勿使开口告人。"这副楹联成了陈家的家训。

逢年过节，陈允济还出资在村里搭建戏台，让乡亲们过足戏瘾；还给贫困家庭每人发放几块银圆，以便他们能过个好年；有些村民因欠租欠债蒙受不白之冤，他常出手相助。他的种种善行已在村中传为佳话。美德是可以传承的，陈允济时常教导自己的儿女做人不能忘本，不能忘记家乡，逢年过节总叫儿女回乡看看。陈允济的长女生长在越南，当时贵为千金小姐的她乘船从越南返乡，不料途中该船在同安湾附近触礁沉没。当时船上还有不少越南华侨子弟，一片慌乱之后，大家发现水中还有四个小孩，当时水大浪急，波涛汹涌，大家都不敢轻举妄动。在这千钧一发之际，只见一个倩影纵身跳入海中，三寸金莲的她却有一身好水性，在风浪中救起几位落水者。这件事在当时引起强烈反响，许多国内和越南的媒体对此事作过报道，盛赞这位中国小姐的英勇无畏。

衣锦还乡，红砖大厝诉心声

"胡马依北风，越鸟巢南枝"，暮年的陈允济向往着落叶归根，于是回乡择风水宝地建造宅院，回乡安度晚年。自1914年开始，历时三年，建造了两座富丽堂皇的大厝。时光飞逝，斗转星移，这两座老屋仍美轮美奂，蔚为大观：中西合璧的建筑构思，鲜艳华丽的门面"水车堵"，古朴庄重的泉州白石刻，典雅别致的砖雕，栩栩如生的木雕，神采奕奕的图绘及书香扑鼻的楹联，加之描彩漆金，巧妙绝伦，令人目不暇接。

远远望去，粼粼红瓦，规模宏大，与村边青山绿水相映成趣。我们首先来到靠近村口的一座古厝，推门而进，四周金碧辉煌的图绘让我们倍感震惊，正门两侧彩绘环绕，虽历经百年，依然艳丽如初。走进正屋，屋顶上方的木雕栩栩如生，两边的雕刻相互辉映，一边的内容是背起行囊远下南洋，流露出对家乡的依依不舍，一边的内容是敲锣打鼓衣锦还乡，好像在诉说着南洋华侨们的心里话：创业艰辛子孙应理解，游子思乡牵挂是故里。屋内上方还刻着一些古代诗人的雕像，看其神情有的举头遥望，有的屏息沉思，有的举杯相邀，使得整个房间古色古香。两侧门楣上各雕刻着一幅画，一边是中国传统建筑，一边是西洋风韵。厢房一列，就是当年的私塾。我们走进去时仿佛还能听见当时琅琅的读书声，美妙至极。

· 富有异域风情的装饰画 ·

当我们还沉醉在此情此景之中时，不知不觉已被带到另外一座古屋面前。红砖墙上镶着南洋瓷砖，据说这里的瓷砖全是从南洋运回来的，至今仍光彩照人。瓷砖的外围环绕着具有中国传统特色的牡丹等花卉，精美绝伦。陈允济的后人告诉我们，以前这里还摆设着许多从南洋带回的陈列品。我们站在廊檐下，仍可想象出当时大户人家的人流涌动。

据陈允济的裔孙陈珍玲小姐告诉我们，最近发现了由陈培锟为陈允济撰写的墓志铭，盛赞陈允济对侨界的贡献、对家乡的热爱。陈培锟是前清翰林学士、民国初的厦门道尹、中华人民共和国成立后福建省文史研究馆首任馆长，是一位文化名人，他能为陈允济撰写长篇的墓志铭，可见当时陈允济的影响非同一般。而且陈允济墓碑上的文字还用中英文撰写，这是极为少见的。

走出山顶头村我们心潮澎湃，洪卜仁先生说，这趟发现之旅很有意义，许多发现可以补史料之不足，陈允济创业之辉煌和对故土的眷恋，可以说是华侨爱国爱乡的一个缩影。

洪晓春与陈允济家有交谊

近日陈允济的裔孙陈珍玲女士向我们讲述了陈允济儿子陈剑秋与原厦门商会会长洪晓春之间一段鲜为人知的故事。洪晓春是前清举人，与陈允济是马巷同乡，闽南著名的爱国人士，厦门工商界的杰出人物。陈允济过世后洪晓春仍与其子陈剑秋交往密切。全面抗战期间厦门沦陷，充满正义感的洪晓春被日军威胁，选择避难越南。在越南，陈剑秋与越南侨界为洪晓春提供了很好的避难场所，洪晓春在越南避难两年，与陈剑秋及其家人结下了深厚的友谊。

当时厦门岛被日寇侵占沦陷而同安没有沦陷，陈剑秋非常挂念乡亲父老，于是回乡探望。他从越南乘船回来经过厦门岛时，几个日本兵将码头拦住，对旅客强行搜身检查，并将他扣留下来，逼问其身份来路，日寇得知他认识洪晓春，就对他施以酷刑。当时厦门侨界极力营救，从监狱中把他"保"了出来，陈剑秋被折磨得遍体鳞伤，几天之后含恨而死。

另外，读者白桦先生向我们提供了一件颇有历史意义的邮品，这是一封民国初年越南华侨寄回厦门的信件，据说拥有信件的苏家，当年曾是洪晓春任会长时厦门商会的会员。该信笺是厦门出品的，印有"宝成纸行"的字样，可见是当时的华侨把信笺带到越南，又寄回了厦门。

见证唐厝港沧桑的"安记"老屋

唐厝港历史上是马巷与厦门岛之间重要的水路交通，也是当年华侨到南洋的必经之路，在很长一段历史时期内，它与马巷的经济发展息息相关。唐厝港是马巷的古码头，如今码头的对岸正对着一座雄伟的跨海大桥，这座大桥便是同安湾大桥。

在唐厝港古码头的岸边，有条约百米的古街。古街上紧挨着十来家住户，这些住房有的已被重新翻修过，但有两三座住房依旧保持着原有风貌，残存着古时的韵味。我们走进其中一家老屋，厅的正中央摆放着闽南特色的案台，地面上斑驳陆离的红砖立刻揭示了这座老屋所经历的历史沧桑。屋主陈珍钦老人热情地接待了我们，他打开记忆之门向我们娓娓道来，在我们眼前描绘了一幅幅唐厝港今昔发展的图片。

陈老先生说，由于唐厝港昔日的兴盛，这条古街上的房子曾经都是账房、典当行等店面，并不是纯粹的民居。他在这里出生、成长，一直都居住在这座祖上留下来的老屋中。这座老屋当年是账房，它正对着唐厝港码头。原先陈老先生的爷爷经营了一家公司，店号叫"全春"，后来祖屋传到了父亲这代，店号改为"安记"，父亲做了"安记"账房的掌柜。所以，可以说这间伫立于码头旁的老栈房，默默地阅尽了唐厝港的百年沧桑。

在老栈房我们见到了一张当年掌柜做账用的木桌，桌面的左下方依旧可见当年投入钱币的小孔，当时一枚枚银圆就是顺着这个钱孔，哗啦啦地进入下方的抽屉中的。

穿过厅堂，走向老房的里屋，陈老先生告诉我们，里屋是当年存放货物的仓库，由于老房靠海，地面比较容易受潮，为了保持货物干燥，就在仓库的地面上铺了层木板防潮，不过现在那层木板已经不在了。里屋的中间有面白墙，陈老先生说那是后来才建的，将原来的仓库隔成小房间。

现在陈老先生就住在这堵白墙隔成的一间小房中，在这间房里，我们发现了好多古家具，如精雕细刻的木质古床，雕有精美花纹的衣橱，以及一个具有南洋特色的梳妆台。陈老先生对我们说，这些家具都是从南洋运回来的，门前的古码头就是当年家具的卸载地。当时包括大米、建筑材料（当地人称为"红料"），如瓦片、地板砖、石料等，都是通过船载至唐厝港古码头的。

走出老房子，我们发现了房顶别样的特色所在——枪楼。陈老先生告诉我们，这样带有枪眼的枪楼，在当年这条街上的房顶随处可见。由于当时出海下南洋的村民很多，因此，村庄也日渐富庶起来，各家就在房顶建起了枪楼，用以防御土匪贼寇。我们的来访勾起了陈老先生的许多回忆，他说他的许多世交、老朋友如今都已搬到了厦门岛内的前埔一带，只有他还在原地，守望着这片伴他成长的老码头。

❧ 陋巷古厝　深藏风华 ❧

厦门岛内经历数次的旧城改造，目前所遗留的红砖古民居已为数不多，在思明南路一条名为围仔内的小巷里，却保留了一栋堪称厦门岛内最华美的古民居——卢厝。在卢厝建成之前，厦门岛上还有一处名宅——蒋厝，它与现存的卢厝相距不过几百米，百年来厦门民间流传着这样一段轶事：清朝末年，同安古庄人氏卢安邦（又名卢国梁）科举不第转而从商，来往于厦门与南洋之间，几年工夫，成为富豪，建造了这座豪宅，承载着一段传奇。

为求淑女建豪宅

清朝末年，同安古庄人卢安邦，在菲律宾经商，从事航运和商贸。虽有财富，但对功名之事始终耿耿于怀，于是，用钱捐了"顶戴花翎"，此时钱、权在握，闻说厦门蒋家有女初长成，因此想与蒋家谈门亲事，不料这位新贵却受到蒋家的讥讽："卢家有我们蒋家的富，可没有我们蒋家的厝。"卢安邦受此一激，决意兴建卢厝，而且立下誓言："卢厝一定要比蒋厝更漂亮！"于是，卢安邦就在离蒋家仅几百米远的地方，购地建房，大兴土木，仿泉州状元府的模式来兴建卢厝，历时数年方大功告成。

卢厝坐北朝南，为三进三开间两护厝。建成后的卢厝称景范堂。现存占地面积尚有1000平方米，由中轴对称的横向两落大厝和两列纵列护厝及前院埕组成。前后大厝平面均为三进三开间，明间为宽敞的厅堂，左右次间设厢房，后厅较前厅深阔，设有神龛。二厝采用抬梁式木构架及单檐尖山式，硬山顶，燕尾式翘脊，其间以过水廊相连接，围合成中心大天井。东西护厝为琵琶式山尖硬山屋顶，与大厝之间留有狭长天井，以镂窗墙分隔成对称的四小天井，与前后护厝小客厅自成小单元居室。东西前半部天井中另加盖小方亭，用于休闲、会客。护厝前檐贯穿南北的走廊同院后巷弄及中央廊道连通，形成整体建筑的联系纽带。前院围墙正中设门厅，两侧随墙门为平时主要出入口，东西和西南院角分建厨房和"能量"房。整体布局结构及屋顶样式仍保留着北方四合院和宋代曲线屋顶的建筑特点。据说卢厝落成时前后均有花园，但现已不存。

据卢家现存的阄书载："卢安邦自少远地奔波，苦心经营，克勤克俭，手创小吕宋恒昌号，厦门源昌号生理"经营船运，后向清政府捐官，授六省巡按之职，卢安邦习儒经商，曾手撰一副对联：丹桂有根，独长诗书门第；黄金无种，偏生勤俭人家。据说他生性豪爽，曾捐巨资用于公益与防御，光绪皇帝御赐"乐善好施"匾额。辛亥革命时，安邦是前清遗老却捐资支持辛亥革命；安邦六子文彬在抗战时为抗日捐船；其女卢惠珍在菲律宾加入共产党，她20世纪60年代回国后在北京中侨委工作。

精雕细琢见匠心

卢厝的建筑装饰美轮美奂，闽南民居的雕饰手法在这里发挥得淋漓尽致。以红砖组砌的墙体，竟是一组吉祥文字；门窗、墙堵的石雕不仅多达百幅，而且雕琢技法极其精湛，花鸟跃然如生，人物神气活现，就连悬空的马缰也琢得股绞分明。据卢家的后裔说，20世纪50年代，陈嘉庚见到卢厝的石雕，赞赏不已。"雕梁画栋"在卢厝似乎已不足为奇，且不说梁枋间活灵活现的猛兽、力士、飞天、花鸟等饰件和雀替以及玲珑精致的莲花垂拱，以卡榫斗拼图案或诗歌文字来装饰的窗棂花格、各种花鸟图案的镂空窗花，几乎是触目可及。当然，最能体现主人高雅情趣与文化修养的是墙面装饰中大量运用琉璃烧制的石板摹刻的唐英、张瑞图、黄道周、吕世宜、郭

·卢厝内景·

尚先等历代名人墨客的诗词墨迹，"山如远黛水如玉，花有清香月有阴"，雅致的诗句与清俊的书法，至今保留完好，翰墨馨香宛然。或许，这是失意于科场的卢安邦在这一方家宅中抒发他的文化理想。昔人已矣，风华犹存。

传说，景范堂落成之后，蒋家女儿的大轿自然也就风风光光地抬进卢家来了。这段不见诸史书的

民间逸闻流传至今，与几百米外的蒋厝一道，为景范堂增添了瑰丽的色彩。而闽南人文心态中诸如崇尚商贾、好强与打拼、开放与兼容，在景范堂的传说与建筑中都表现得颇为明显。

可是谁又能想到这样一座古风俨然的闽南大厝内，居然还有一些在当时算是相当现代化的设施。房屋内部铺设有暗管，由"发电"房（电石与水作用产生易燃气体）和厨房顶的"蓄水池"向各房厅供气、供水。客厅地板的花砖据说是从法国运来的，卧房内有西式壁炉以供取暖。若说这是厦门民居中西合璧建筑文化的早期例证，一点也不为过。在卢厝的神龛里确有一位姓蒋的夫人的牌位，而蒋夫人的儿媳，至今尚健在。她告诉我们，她婆婆名叫蒋顺喜，为人和善谦恭，有大家风范，嫁进卢家时已经25岁，在当时确属"大龄"，那是因为蒋家亦信守诺言，待到卢家大厝落成才嫁女；她婆婆不仅尊公婆和妯娌，而且极重家庭教育，卢家后来家道中落，夫君童年启蒙全由婆婆教导。蒋顺喜于1975年过世，享年85岁。百年岁月匆匆过，卢厝"历尽沧桑风华在"，仍在述说着优美的故事。

隔海辉映"吕世宜"

卢厝正门匾额题写"范阳世泽"，"范阳"为卢氏宗族的"郡望"，同安古庄的卢氏本身即为"烈山五姓"（卢、纪、许、吕、高）之一，自古以来播衍厦门、金门和台湾等地，与金门、台湾的"烈山五姓"宗亲交谊深厚。这次的新发现，又一次为两岸文化史和亲情史的交流再添一有力佐证。吕世宜，字可合，祖籍金门西村，因此别号西村，清道光年间举人，精于书法，被誉为"金门一千六百年来最有成就的书法家"。初掌教厦门玉屏书院，后被台湾首富林国华礼聘为家庭教师，长期授徒讲学于厦门、台湾之间，因酷爱中国古代典籍及金石之学，第一次把历史上的古籍善本有系统地收集至台湾，并建立台湾第一座图书馆和博物馆，因此又有"台湾图书馆之父"、"台湾博物馆之父"和"台湾金石学宗师"

• 卢厝内有多幅吕世宜书法石刻 •

之称，对台湾影响很大，在厦、台的文化交流史上做出过极大贡献。据族谱资料显示：卢安邦，出生于同安古庄村，由于卢安邦的父亲与吕世宜的父亲吕仲浩私交甚笃，两家有通家之好，因此卢安邦幼年时，到厦门投在吕世宜门下，受其课业指导。后来卢安邦科举不第，转而经商南洋等地，曾到过吕世宜执教的台湾板桥别墅，发现新建成的林家宅第有许多楹联、题字多为吕世宜题写，时吕世宜已去世，卢安邦睹物思人，心有所感。后在厦门建造卢氏大厝时，将珍藏的大量吕世宜的墨宝雕刻于书房、庭院等处。这些吕世宜的真迹，遒劲、清逸，彰显了一代书法家的风采，可与海峡对岸板桥别墅的吕世宜真迹相辉映。这些真迹至今保存于吕家宅邸之中，清晰可见，可见吕家后人对于书法大家真迹的重视程度。

❧ 郭有品故居的海丝韵味 ❧

漳州角美的流传村，是中国第一家民间批局——天一总局创办人郭有品的故里。天一批局因侨批档案入选世界记忆名录而格外引人注目，而与它毗连的郭有品故居，却很少有人用文字进行记述。其实，郭有品故居和天一批局可谓是同根而生，花开两朵，批局是一座纯西洋式的建筑，用作办公；郭有品故居则是传统韵味十足的闽南古厝，用作居住，而且这座古厝中蕴藏着丰富的海丝韵味。

"天一"为凭　经营宅邸

天一总局创始人郭有品，字鸿翔，生于1853年，童年时聪颖好学，深得老师器重。17岁的郭有品随宗亲漂洋过海，前往菲律宾经商，由于他忠厚老实、尊老敬贤且乐于助人，深得同乡侨民的信赖。1874年，郭有品受一些侨商委托，开始充当客头，专门替吕宋侨商及其雇佣的华工携带银信回国。郭有品在几年客头生涯中，发觉到经营侨批收入的丰厚，便于1880年在家乡龙溪县流传社创办了中国首家批局——天一总局。

天一总局的"天一"，取自汉儒董仲舒的《春秋繁露·深察名号》中的"天人之际，合而为一"，用"天"作为徽志寓意天下一家，表

• 西洋风格的天一总局（张金波摄）•

达了郭有品的仁爱之心。

　　作为传统闽南民居样式的郭有品故居，深含"天一"哲理，在宅邸的营建上则体现自然与人的融洽，也就是"天人合一"。郭有品长居海外，眼界拓宽，发现了域外许多物品都可以洋为中用。既然是天下一家，何不用来装饰自己的闽南传统民居呢？因此，当我们一踏进郭有品故居，就发现了一种中西无缝融合的韵味。郭有品将海外运载回来的瓷砖用来装饰红砖民居的外墙，据说这种瓷砖当年为法国所造。时光已流逝百年，但红砖仍然美色不退，且愈显流光溢彩。

· 郭有品故居（陈霖暄摄）·

洋为中用　不忘根本

在引进外来物品营造宅邸的同时，郭有品不忘传统文化，门庭的正面，仍然用传统的雕栏画栋，而左右互错的门额上用遒劲的书法道出了他骨子里对中华文化的推崇。一边写着"为善最乐"，另一边写着"读书便佳"。可见当他富有之后，想到的是在经营之中要有公益之心。据村中耆老回忆，当年天一批局经营之际，郭有品及其后人每逢年节都对村民特别是那些生活有困难的人群进行资助，给予粮米和钱款，而且在流传村附近铺桥修路，便利村民。

· 西洋瓷砖装饰古厝 ·

另一处提有"读书便佳"的地方，当地人称为"学仔"，实际上就是私塾。当年郭家聘有专职的先生，在私塾中为子弟启蒙教学，据说凡是村中好学的子弟，无论其家中经济情况是贫是富，都可以到"学仔"来就读，而先生薪俸都由郭家负担。

郭有品故居在传统民居的格调中，也展现了一种特殊的海洋文化氛围。大厅里挂有几幅巨大的西洋镜装点厅堂，经过了百年的岁月，尽管水银镜面有一点斑驳，但仍旧使厅堂显得十分大气。传统民居中，常用的半厅红用的是闽南的红砖，由于这种砖善于吸收潮气，久了之后往往会剥落分化，郭有品用进口瓷砖取而代之，时间证明他这一做法是经得起考验的，百年之后，他的半厅红依然光亮如新。

郭有品故居现存的规模为双落双连院，在建第三落的时候却别具巧思，平地拔起了一座南苑，是一座双层洋楼。它融进了郭有品故居的整体建筑群中，并不显得别扭，反而有亭亭玉立之感。现在，这些建筑虽然历经了百年的沧桑，但从中却折射出清末民初闽南人善于吸纳、勇于创新、敢于付诸实践的一种精神，这种精神就那么真切地体现在民居建筑之中。

第二节　沧桑古厝　承载人文

五通的坂美村，是厦门岛上的一个客家村。五通位于鹭岛东北角，自古以来就是厦门的重要港口之一。厦门五通古港具有非常特殊的历史印记，在这里西滨、澳头等地抬头可见，值得一提的是新兴建的五通客运码头，成为往来厦门与金门之间的优良通道，再次续写了海峡两岸悠久的情谊。史载："由五通渡至刘五店三十海里。"又云："至于东，则五通寨高耸，隔一横流之海，足以抗淄江之兵。"历史上五通港和五通古村还写下了厦门、台湾郊行一段极其辉煌的历史。

❀ 坂美大夫第 ❀

坂美大夫第石姓家族与海峡两岸古郊行一直披着一层神秘面纱。什么叫作"郊行"？郊行为清代闽台地区从事海洋贸易所特有的商业组织。在汉语中还未曾找出"郊"有"商业"的含义，可见"郊行"一词（又称行郊），是闽台地区对当时商贸集团商业行为的一种地方性专称。郊行的产生、发展、运作及后来的衰微、消亡已引起海峡两岸学术界的高度重视，而坂美大夫第的建筑遗存和石氏家族历史上对郊行的经营都必将成为厦台郊行历史研究极其宝贵的史迹和人文资料。

❧ 坂美大夫第与古郊行 ❧

2021年旧城改造的步伐走到了厦门的五通村，当我们到现场时发现一座曾经名闻遐迩的民居建筑——坂美大夫第仍然耸立在瓦砾堆中，看来它在改造中是被列为保护对象的。

五通村坂美社的大夫第，原位于坂美社20号，就在村道的边上，从这里下车驻足，看到与之相邻的16号已被拆除。大夫第始建于清道光丁未年（1847），而石家子孙早在这栋大夫第落成之前便在此繁衍，已历数百年。

根据石家族谱记载，石家本是朝廷武官，唐末奉命来到闽南驻守高浦（今杏林高浦），历经四世便传衍到厦门岛上，坂美是石氏家族世居所在，石家累世为官，八世祖石开玉，号义斋，被朝廷封为奉直大夫，为二品官，九世祖石时荣封四品官，他的儿子石耀宗在台湾中举，后再考进士，至四品官员。故而石家大厝的屋脊上有"联登甲第"四个大字，殊为难得。大夫第整体建筑气度雍容，尤其是琉璃雀脊，至今古韵隽永，前庭的木雕竟是一组栩栩如生的故事人物，不由让人惊叹昔日工匠技艺之精湛。大门还分中门和边门，据说平时只从两边的边门出入，只有重要的日子和显贵的客人到来时，方才开中门。

石家后人说，先祖自清中期起就往来于海峡两岸，在厦门和台南都营造大厝，但人事沧桑，厦门早期建筑多已坍塌，如今只有最后修建的大夫第保存相对完整。大夫第右侧的石家祠堂格局尚存，门上有联曰"宋室尚书府"，只是如今寂寥于野草蔓生之中，门前的两对旗杆石，诉说着昔时显赫。石氏后人石时荣经营郊行，前往台湾创业，居住在台南，如今也枝繁叶茂，台湾的石氏后人近年也不断返归故里，拜祭祖先。根据台湾方面的资料，石时荣在清乾隆五十九年（1794）渡海到了台南，成了台南石氏家族的开基祖。他在获得朝廷功名之前所经营的郊行已很红火，从事糖、米生意，他的郊行生意分布在海峡两岸，也就是将台湾盛产的食糖与大米贩卖到闽南甚至远及北方各省，然后把闽南一带的茶叶、建材、纸张等生活物资再贩卖到台湾，他的贸易内容也可以说是作为海峡两岸商品的互补，这种生意非常大宗，而且获利非常丰厚，这当然要依赖于五通港所起的作用。这期间台湾发生了蔡牵作乱的事件，石时荣捐资平乱，因此受到了朝廷的奖赏，先是授六品衔，后来他又屡次为台南的建设和台湾的公益事业捐出巨资，因此，朝廷又加封其四品顶戴花翎，所以他成了台湾的一位红顶商人。后来他把他的郊行商号称为"鼎美"，"鼎美"从此也就成了厦门五通坂美和台南石氏族人的灯号。据说他虽然把生意的基地放在了台湾，但对厦门祖地仍怀有深厚的感情，特别是家业兴旺之后，更是不忘祖地，花费13300两白银在坂美建起了这座大夫第。

• 旧城改造时期的坂美大夫第（钱尼供图）•

❧古厝承续两岸亲情❧

我们在采访中有幸遇到石时荣的六世孙石松林先生，他回忆起海峡两岸石氏寻亲的过程，还颇有点戏剧性。台湾台南的石氏亲人根据台湾族谱的记载，石时荣于乾隆五十九年（1794）抵台湾台南，原籍福建同安县二十一都，嘉庆十八年（1813）回乡谒祖，回台后落籍台南。从乾隆五十九年到当代，历经了两百余年，厦门的行政区划已改变多次，原来地址上的同安县二十一都就是现在的湖里区五通坂美村，因为在清代，厦门是隶属同安县的。当时，前来寻根的台湾石氏亲人名叫石启耀，他好不容易寻访到了五通坂美的大夫第，由于世事沧桑，坂美大夫第曾经在抗日战争时期被日本侵略者放火焚烧过，再加上第三落已经坍塌，与台湾家族史料中记载的辉煌的规模有些差距，因此，他不敢冒认，留下电话后匆匆离去，不经意间把一张写有寻亲地址的纸条掉在了地上。石启耀离开后，石松林先生捡到了这张纸条，上面不仅写着石家历史上的地址，还写有祖上名讳"石时荣"，石松林先生猛然想起，家中的神主牌中就有九世祖石时荣的，他打电话告知了石启耀先生，但这时石启耀已经在机场的候机室里了，他回台后找到了更多的相关资料，再次来到五通，经过多方的核对，海峡两岸石氏的亲缘再次续上。石松林先生拿出了先祖石时荣的神主，这尊历经了一百多年历史的神主布满了尘垢，但上面的字迹还能辨认，"显考□九世祖恩奖四品□讳时荣公暨妣恭人神主"（方框处字迹漫泛，难以辨认）。石松林先生告诉我们，石氏家族进入高浦之后，传到石时荣这一代是九世，但石时荣到台湾之后把籍贯落在了台湾，因此，在台湾他被称为开基一世祖。据载，石时荣生有五男三女，由于他多次往返厦台，且厦门坂美是其祖地，有其祖业，所以他的子女分布在海峡两岸，现在厦门坂美的石松林先生是石时荣的六代孙，而前来寻根的石启耀先生也是石时荣的六代孙。令人感慨的是，石时荣在台湾的石氏家族中，是开台的一世祖，而他的神主却留在了祖地，仍称为九世祖，体现了强烈的"落叶归根"意识。正是这尊神主牌的存在，使得两岸石氏家族的认亲有了明证，当然，这其中还有族谱和建筑遗存等。

特别有意义的是，台湾方面的资料显示，石时荣的第四子石耀中在台湾中了科举之后也在台南建起了大厝，现在台南人把这栋大厝称为"石鼎美老厝"，在当年它是台南最大的红砖民居，现在它位于台南西门路二段225巷4号，已被台湾当局列为三级古迹加以保护。从台湾方面的资料中我们发现，台湾石鼎美老厝的门庭，竟然与厦门坂美大夫第的门庭极其相似，台湾方面现在还保留着石时荣的官服画像，据说，这张画像是石时荣八十大寿时所画，已被台湾当局收藏。

近一段时间以来，石时荣在台湾成了学界关注的一个重要历史人物，但愿厦门坂美的大夫第其内在的文化历史价值能够得到应有的重视，而这栋情系两岸历史文化、家族亲情的老屋也能得到有效的保护。

· 台湾石鼎美古厝与坂美大夫第有血脉之情 ·

❦ 奉政大夫黄潮卿故居 ❦

祥店古村本来就不是一个普通的村落。面临鹭江之水，背负关刀山之翠，数百年的营建，使她有过恢宏的气度；鹭岛的灵秀，让她孕育出代代人才，黄潮卿就是其中之一。尽管祥店古村如今已被彻底改造，但黄潮卿的故居幸存了下来。祥店古村一代人杰的故事总算有了依托。

一代禾山人杰

历史上，祥店村民大多姓黄，据说祥店黄氏源于泉州的紫云派，先人来到厦门时，见此地地形坐东向西，旁有溪流，面临大海，景色秀丽，便视为风水宝地，遂带族人迁此，至今已有数百年。

祥店历来重视人文教育，人才辈出，如清代就有乾隆年间的奉政大夫黄尚瑾、黄爵业，清政府首任驻菲律宾宿务名誉领事黄妈元，光绪年间的奉政大夫黄潮卿等。由于有了黄潮卿故居的存在，才使得我们对这位乡贤有了一些具体的了解。在采访中，老一辈的黄氏族人黄伟生先生告诉我们，黄潮卿在光绪初年以科举授奉政大夫，封以四品衔，论官职，四品的奉政大夫要比七品的县太爷高出好几级，但这只是荣誉头衔罢了，因此他长居厦门。虽为官宦，却素重情义、勇于任事，名扬禾山一带，民间流传有"田头孙高声，祥店黄潮卿，坂尾王仔命，钟宅钟文景"的说法，这些杰出的乡贤，均为当时禾山人杰的一时之选。光绪年间，法军侵扰福建沿海，击沉福建水师船舰，进犯台湾基隆、淡水等地，这些发生在海峡西岸的事态，让黄潮卿感觉到了厦门潜在的危机。当时清廷对厦门海防军力的部署十分有限，眼见军情急迫，为了保家卫国，黄潮卿在禾山倡办团练，成立保董公会，并被推举为总董。禾山的团练有点类似于现代的民兵组织，但经费来源完全靠民间的乡绅供给，黄潮卿身为总董，除了要确保团练的军事训练，还要确保经费开支，据说，在经费不济时，他往往要自掏腰包。团练和清军配合，严守了厦门的海防重地，最终法军不敢进攻厦门。

黄潮卿对乡里的贡献不只是这一方面，他还为禁绝鸦片不遗余力。鸦片战争后，厦门鸦片之祸愈演愈烈，宣统二年（1910），禾山设立去毒分社，黄潮卿告诫黄氏子弟确勿染此恶习，力保乡里无鸦片。但在当时的社会背景下，鸦片还是很难禁绝的，尽管黄潮卿能做到让祥店村不受鸦片危害，但整个禾山区，鸦片的毒害却越来越广。到了1914年，已经是改朝换代的民国初年了，当局也见到鸦片严重的危害性，因此在禾山再设禁烟分局，这时黄潮卿已是前清遗老，但他的声望不减，因此当时的思明县知事钮承藩复以黄瀚、黄必成（字潮卿）长之，也就是给以实权，让他们实行拿犯科罚，整隶烟禁。

百年沧桑古屋

黄潮卿故居既有闽南大厝特色，又有着与众不同的特点。闽南古厝一般称为"大六路、小六路"或"九架仔、七架仔"等等。黄潮卿故居前有七级台阶，门设在大厝的右侧，门前有吉祥图案的雕塑，人们把他门前的七级台阶称为"七层崎"，在闽南话中"崎"就

• 黄潮卿故居 •

• 黄潮卿故居中的古家具 •

是台阶的意思。在封建制度中，民居门前台阶的级数是受到限制的，一般民居门前的台阶不能超过三级。黄潮卿故居的七层台阶，在当时的祥店古民居群中是绝无仅有的。而这栋老屋里面，还开了通向外边的两个门，称为"龙虎门"。

我们有幸采访了黄潮卿的裔孙黄天赏先生，得以在黄潮卿故居里见到不少珍宝。黄天赏先生向我们述说，在他们家族中，许多人到菲律宾开创基业且颇有成就。黄潮卿建造的这座华屋，便是家族海外经商成果的体现。这栋老屋里有许多红木家具是用进口木材做的，许多瓷器、生活用具都是前清的遗物。黄天赏老先生还向我们展示了两块出土的黄潮卿母亲的墓碑，上面镌刻着"皇清诰封宜人七十龄黄母慈俭陈太宜人墓志铭"。其中提及次子"必成潮卿以庠生授例加中书科中书"，看来这位陈夫人是母因子贵，特别是墓志铭后的落款更有意思，撰文为"赐进士出身诰授中议大夫钦赏花翎三品衔四品卿衔、刑部陕西司郎中、前驻扎小吕宋总领事、调任古巴总领事、世愚侄陈纲顿首拜谟文"。书写墓志铭额"赐进士出身、诰授奉政大夫、刑部主事宗愚侄黄搏扶顿首拜篆盖"。书写铭文为"赐进士出身诰授奉政大夫翰林院编修加四级、姻世愚侄叶大年顿首拜书丹"。这篇墓志铭可以说是集合了当时厦门的名流，而这些人又都与黄潮卿家有亲。除此之外，我们还见到了一幅周殿熏（厦门历史上著名的教育家）的亲笔题字，是赠给黄潮卿的，可见这是一栋不凡的古屋，掩藏着一位不凡乡贤的史迹。

陈伦炯的五落大厝

清道光《厦门志》的列传中记载了厦门清朝初期杰出的人物陈伦炯，他所著的《海国闻见录》被收入《四库全书》。列传中说他是"同安高浦人，后居厦门"，《厦门志·荫袭》中又云"往厦桥仔头"。那么，这位杰出的人物居住在厦门什么地方呢？在编撰本书时，笔者在厦门的坂上社发现了一栋五落的清初古厝，据该古厝珍藏的《陈氏族谱》

（清同治年间修）载："资斋公由桥仔头开基坂上，已历七世。"

坂上古村掩藏一代豪门

厦门岛上的古厝，常见的是两落或三落。"落"是厦门古厝的一种建筑形态，即将一座大宅用天井分割成几个"落"，每一落的用途都不同，可分为前厅、会客厅、房厅等几个部分，一般是较为富贵的人家或是朝廷官员才有能力建造。而位于湖里坂上社的五落古厝，在湖里区辖内现存的古厝中算是极其罕见的，它的占地面积有一千多平方米。古宅的外观十分大气磅礴，房檐装饰简朴大方，土墙、筒瓦使它不同于一般的古民居，可见主人家世显赫。同行的林先生介绍，房屋是该村陈家祖业，主人透露，当年房屋的前庭留有一个竖写的牌匾，上书"御前侍卫"。屋外有宽敞的大埕，据说可以养马并立有"下马石"。可惜这些遗物在近年被损毁殆尽，只留下还算相

· 陈伦炯的五落大厝 ·

对完整的五落古厝。

根据史料记载，厦门清初任过御前侍卫的只有陈伦炯一人，他的父亲是广东右翼副都统陈昂。陈昂，字英士，世居同安高浦（今杏林高浦），少好击剑，武功高强，曾任碣石镇（今广东海陆丰一带）总兵，官至广东右翼副都统。陈伦炯，字次安，号资斋，曾被召为御前侍卫，后来委于外任，屡建功勋于海峡两岸，晚年居住在厦门。据陈家人说，五落古厝是他分几个时间段建成的。

现存的这五落古厝显得与众不同的是其屋顶的瓦片有五条筒瓦分别镶在屋顶的两端，根据湖里区方志办的林先生介绍，屋顶上的筒瓦在古时是身份的象征，只有朝廷官员和庙宇才能使用。由此也可追潮陈伦炯当时的地位。这栋古厝的另一特点是屋顶的出檐较宽，两端出檐达七八十厘米，据说，这种构建方式是沿用了明代建筑的特色。古厝前四落的墙体是用古老的夯土方式夯筑而成的，因此经历了数百年的风雨后仍旧十分牢固。陈伦炯为清初人，房屋的筑造风格带有强烈的明式遗风也就显得顺理成章，其中宽敞的屋面和高挑的房檐显示着武将世家所特有的恢宏气派，虽然周边被当代建筑包围着，但是仅从外观上仍可感受到它曾经的堂皇。

古厝留痕　不凡家族

我们首先进入的是第一落，即古宅的前庭。据陈家后裔回忆，前庭的下马石不同于寻常人家的下马石，下马石并不是要求文武官员军民人等到此下马，而是清代朝廷规定：满洲官员出门，无论文武，均需乘马，以不忘先祖遗风。有钱人家的大宅门前立着两方大石头，这是为骑马官员准备的，称之为下马石或上马石，不要小看这两块石头，作用极大，一是显示主人的等级，二是作为上马时的辅助，住宅门前有没有下马石也是宅第等级一个重要的划分标准。

陈家是汉族武官，其显赫地位在这些装饰设置中一点一点地得到印证。可惜的是，由于缺乏保护意识，牌坊和下马石都看不到了。

前庭的两旁对称分布着一些房间，这是为士兵守卫居住而设置的。第一落的格局较为简单，装潢也比较朴素古典，房梁架构上没有太多的雕塑装饰。紧接着，我们进入古宅的第二落，刚进门，明显感到这一落的布局十分的宽敞大气。首先映入眼帘的是一个大天井，周边6米长的大石条，约有60厘米厚。大厅前有5层的台阶，这些台阶也是主人官级的象征，显示出非同一般的格局。据说这个大厅是会客厅，所以才会预留有宽敞的空间。

现在，昔日的辉煌已经不见，反而觉得超大的客厅和深深的天井太过空荡了，我们不免感到有些惋惜。随后我们到了第三落，林先生向我们介绍，这一落是用于祭拜神灵和祭祀祖宗的，即祖厅。屋内的布局也较为简单，但是安放祖宗牌位的桌子十分巨大，上面有几个排架，不同的架子之间还设置了落差，从这一细微的地方可以看出陈家人在建筑古宅时的用心，也体现出了封建社会严格的等级制度及当时人们恪守长幼尊卑的礼数。在桌子的正上方有三个悬空的柜子，林先生告诉我们，这原来是陈家珍藏家族史料的地方，可惜在"破四旧"的时候被红卫兵扫荡一空，现在里面空空如也。

古宅的第四落和第五落是主人居住的地方，为了隔绝屋外的嘈杂，建筑者在与第三落衔接的地方设立了闸门，中间四扇木门，旁边两扇小门。据介绍，这也是这栋古厝特有的设置，平日里人们一般从旁边的小门进出，在重大节日或是有重要人士来临时才开启大门迎接，以示隆重。第五落大厝可能是建筑时期稍后，墙体已用了红砖，不再是土墙，屋脊的琉璃装饰也华丽了很多，特别是古厝的山花雕塑十分精美，至今仍有清晰的轮廓，据说这一落古厝是陈伦炯家眷日常起居之所。

追寻史迹　揭开陈家之谜

御前侍卫古厝是湖里区辖内保存基本完整的五落古厝，其历史价值自然不言而喻，而这座纵深约60—70米、面宽近20米的古宅不仅从布局设置上有它的特殊风格，隐含于微处的房檐、雕刻也使我们领略了它昔日的雍容华贵。看来，虽然《厦门志》把陈伦炯列为武秩类型的人物，但他绝不是个粗莽的武行将士，他在文化上有独到的建树，这可能与他的家学渊源有一定的关联，这还要从陈伦炯的父亲陈昂说起。

陈昂是清代人，自父亲及兄长去世后，为侍奉寡母、维持生计，陈昂辍学，在海上经商。他多次冒着葬身鱼腹的危险，驾船往来于太平洋，沿途各地的地理状况、风潮规律、民俗民情，他都了如指掌。康熙二十二年（1683），靖海侯施琅统率诸军，准备东征台湾。施琅张榜闽南一带，征召熟识海道者，陈昂被聘用。陈昂在东征途中积极进言，提出了不少妙计，使得东征一行顺利完成任务。此后，陈昂因功被授为苏州城守，后来他一再升调，曾任碣石镇（今广东海陆丰一带）总兵、广东右翼副都统，担负驻守边境的重任。但陈昂最令人钦佩的不是他在军事上的成就，而是他虽身为一名武将，却无时无刻不在关心着民生，冒着生命危险为民请命。根据《厦门志》记载，康熙年间，朝廷实行闭关政策，实行海禁，下令沿海居民不得出海经商贸易，不得与外界互通有无。陈昂闻此十分着急，对其子陈伦炯说道："滨海生民，业在番舶，今禁绝之，则土物滞积，生计无聊，未有能悉此利害者。即知之，亦莫敢为民请命。我今疾作，终此而不言，则莫达天听矣。"意思为：沿海的百姓是靠海上贸易为生的，现在实行海禁，则各地土特产堆积难销，沿海一些以此为生的百姓将无法维持生计；我知道了这个情况，不敢不为民请命，我现在疾病发作，再不进言的话，以后恐怕没机会说了。陈昂本想上书力争，不幸的是旧疾复发治疗无效，与世长辞，享年68岁，临终之际他嘱咐儿子代呈遗疏，虽朝中众臣心存疑虑，但沿海商人无不拍手称快，康熙帝最后也接受了他的意见。

陈伦炯在父亲死后承父荫，被召为皇宫侍卫，据《厦门志》记载，他"长身玉立，须眉整然"，形象十分伟岸。据记载，一次，康熙皇帝突然问到一些外夷情况，他对答如流，与地图所标示的完全吻合，康熙帝因此对陈伦炯很是赏识。康熙六十年（1721），朱一贵在台湾起义。陈伦炯毛遂自荐，于是康熙派他参与平定起义。半年后，陈伦炯因功被授为台湾南路参将。雍正元年（1723），陈伦炯晋升为安平（今台湾台南）副将。第二年，陈伦炯调为台湾水师副将，任期内他积极修筑海岸，以保护安平城。雍正四年（1726），他升迁为台湾镇总兵，在任期间他严明军纪，抚恤百姓，恩威并用，在当地留下不少佳话，当时台湾有"总镇清廉补破靴"的民谣广为流传。此后，陈伦炯官职屡有变动，历任广东高雷廉镇及江南崇明、狼山两镇总兵，浙江提督等职。陈伦炯不但在军事上建树颇多，由于其对海洋十分感兴趣，在海洋地理方面也做出了巨大的贡献。主要著作有《海国闻见录》，书中详细记载了台湾及其附近岛屿的自然、人文地理状况，特别是陈伦炯在书中首次明确地标示了我国南海及所属的四大岛群，成为为我国南海立据的第一人。《海国闻见录》是一部有较高史料价值的著作，广传于世。《厦门志》记载："著有《海国闻见录》，行于世，采入《四库》，海疆要书也。"书中收入《大西洋记》、《小西洋记》、《东洋记》、《东南洋记》、《南洋记》、《南澳气记》、《昆仑记》及《天下沿海形势录》。这些著作提供了丰富的海洋地理资料，被后人广泛引用。乾隆十二年（1747）陈伦炯解职还乡，大约在第二年便长辞人世，享年64岁。

《厦门志》对陈氏父子给予了较高的评价："陈氏父子世以韬钤勋业显。其大者，开洋一疏，非通达时势，熟谙夷情者，不能言。观其临没数语，亦见忠君爱国之诚实。伦炯著为成书，以公世人，宜其子孙世守之勿失也。"陈氏父子留给我们的，不仅是眼前这座历尽沧桑的五落古厝，还有他们的一片赤诚之心。

❀鼎美古厝气势恢宏❀

鼎美村位于厦门市海沧区东孚街道东南约五公里处，濒临马銮湾。村西南有文圃山，状如倒置之鼎，俗称鼎山，古村位于鼎山之尾，故名鼎尾，后雅化为鼎美。

鼎美曾经富甲一方，堪称是马銮湾畔的一处名镇。鼎美村现有村民约2300人，除胡姓之外还有其他姓氏，世居于此，相传鼎美胡氏族群的远祖是客家人。鼎美村历史悠久，现在仍存有百余栋的古民居群，此前未见资料记载。历史上鼎美人多有"过台湾、下南洋"者，因此现在村民多与台湾同胞或海外华侨有亲缘血缘关系。在近现代，有许多鼎美人投身革命，如革命老干部胡雷、参加刘邓大军并荣立战功的胡芋蒲等。

厦门过水鼎美山

在海沧东孚的鼎美、后柯和芸美三个自然村中，鼎美村独具特色。村民间一直流传着"后柯吊桶，芸美加笼，鼎美肉笼"的说法，指后柯以种田种菜为生，芸美以捕鱼讨小海为生，鼎美主营商业。那时，鼎美村的村民们性情豪爽，诚信为本，每逢与周边村落有生意往来，鼎美村的货品往往不用验货、不用清点，对方都会欣然接受。1938年，鼎美村遭到日军战机的狂轰滥炸，日本军队的眼中钉肉中刺是厦门的那些繁华之地，可见鼎美村当时的繁荣程度。鼎美敦睦堂右侧有一座特色民居，类似现在所称的"店宅"，它是一座民居兼当铺的古厝，门口的石砛和石壁都留下了被日军炸弹炸损的伤痕，据说当时日军将炸弹投进敦睦堂前的水池，炸弹在水池中爆炸后殃及了周边的民房，在这座古厝中便留下了历史印记。

鼎美村内仍然可见历史遗留下来的20多米的古渡头遗迹，周围草香弥漫，绿树成荫。在20世纪五六十年代马銮湾围垦之前，古村商旅云集，十分繁华。村民的对外交通都以水上船只为主，马銮湾围垦后古村的地理形态发生改变，曾经的繁华渐渐消失，所留下的古民居群见证了当年的金粉风华。我们得知《厦门日报》的记者胡德灿也来自这个古村。他告诉我们，在马銮湾还未围垦前，海水一

·鼎美民居中的古当铺·

直漫到古码头，儿时念书，从古码头出发，绕过宝珠屿，就抵达厦门岛了。

由于鼎美地理位置特殊，当时的华侨从南洋寄信回乡，都会在具体住址前注明"厦门过水鼎美山"，邮差便知要将信往哪儿送了。

雕梁画栋桑梓情

古村长者胡宝华告诉我们，胡氏在鼎美已有七百多年历史，在元朝时从永定迁至此地，清朝属泉州府同安县二八都积善里。明朝福建著名文人何乔远曾经来到鼎美，并留下亲笔题写的"百代瞻依"匾额，高悬在祖厝的大堂上。

在鼎美的古民居群中，从门外的石狮、门框上的花纹到屋内许多古代朝廷钦赐匾额，无不显示着胡氏兴旺辉煌的历史履痕，而透过这些履痕又可以窥探到与台湾有关的故事。早在明清时期，村民们凭借着"门口是渡头"的方便，不断有人"过台湾、下南洋"，特别是遭遇天灾人祸的时候，踏上海路的人就更多了。当时许多胡姓族人奔往台南和台北等地垦殖，繁衍生息，如今在台南下寮一带的鼎美胡姓子孙已达万人以上。

·鼎美古厝历尽沧桑风韵犹存·

在漫长的历史中，在台湾事业有成，或者考中科举，或者下南洋赚到钱的胡姓族人都会在家乡营造一栋漂亮的居所。正如有句闽南俗语所说"台湾钱，淹脚目；南洋钱，唐山福"（这句话的大意是，当时到台湾赚钱的机会多，在南洋赚到钱的人大部分都会把钱用来造福家乡。闽南人习惯称家乡为唐山）。因此，鼎美现存的许多古民居的门前，都有象征着家庭荣耀的精致的石雕——门当。

鼎美村的胡昭田老先生现已年近九旬，但精神矍铄。胡老先生从小在私塾读书，可谓是饱读经书，见多识广，在叙谈中，尽显文人的儒雅风范。古村先民"过台湾、下南洋"的历史在他胸中有本书，哪房哪派播迁到台湾的哪个地方，他说来头头是道。

他和年逾八旬的侄儿胡奕初带我们遍访了村中胡氏的敦睦堂、笃叙堂和余庆堂，这些古屋的先人都曾前往台湾创业，特别是余庆堂先人的后裔现在在台湾人丁十分兴旺。老人还告诉我们，"万金油大王"胡文虎、胡文豹兄弟俩也曾经来过鼎美的祖厝拜谒祖先。现在，每年都有许多台湾以及海外的胡氏后代前来寻根认祖。

美轮美奂余庆堂

鼎美余庆堂是一座规模较大的古民居，为两进，如今仍有胡氏后代居住于此。据说余庆堂建于清初，雕梁画栋，极其精美，房檐的木雕刻画着古人有趣的生活画面，人物神态惟妙惟肖，栩栩如生。屋内的摆设基本延续了余庆堂早年的风格。厅堂摆放着木料坚实、雕刻精美的供桌大案及年代久远的香炉，浓厚的人文气

• 古厝余庆堂 •

息就这样隐藏在余庆堂的古风古韵里。在大堂的正上方，悬挂着巨大的匾额，"余庆堂"三个大字苍劲有力，由于年代久远，原本镏金的三个字，现已剥落许多，只剩下"庆"字依旧闪闪发光。门楣上悬挂着"五代同堂"的红字匾额。

更令我们兴奋的是，现居住在余庆堂内的女主人拿出了胡氏先人的画像。这张画像用工笔勾勒出一个身穿蓝色长袍的古人形象，他神情自若地端坐在椅子上，虽然画面已经很旧，但色彩鲜艳依旧。

听女主人说，这画像上的人物正是当时前往台湾创业的祖先，这是他前往台湾之前，特请画师来家里绘制的。这画像一代传一代，后人都悉心保存着。

鼎美古民居群类似余庆堂这样豪华、宽敞、精致的可不止一两栋，在鼎美还保留了一条年代久远的老街，老街上还建有一座高耸的枪楼，70年前建这栋枪楼是为了阻止土匪前来抢掠，凑巧的是当年建造这座枪楼的胡姓老伯仍健在，他已年近九旬。老街留下了许多故事，要知道得更多有待诸君亲自体验。

耐人寻味的石刻古字

鼎美古民居群中的石刻、木刻、壁画，都富含着深厚的人文意蕴，这些作品的内容多为表现孝道、礼仪和生活理想。其中有一家门庭前的云龙纹石刻上，左右两方都镌刻着古文字。

有意思的是，这两组文字多年来村中都没有人能读懂。其中有一组古文字，乍一看其偏旁四个字似乎全为草字头，认真一看又各有区别；另一组四个字看似两个叠字，仔细分辨实非如此。两组古文字似乎各表其意，又有对仗。对于这些古文字，有的说是篆书，有的说是籀文，有的说是金文，众说纷纭。据说村民中有人因此而查阅有关工具书，但仍无确论。

毕竟厦门市民中藏龙卧虎、能人甚多。为了解读这些古文字，曾经在《厦门日报》上刊文求社会贤能解答，果然厦门的子虚先生以翔实的考证引经据典地进行了解读。

子虚先生认为，鼎美古民居上的古字，从其书体上看当属篆书。其所刻之文字为"芳苡芬苊"和"雍（雝）雍肃肃"。依其解析，该古民居的主人是以"芳苡芬苊"来显耀其家道之殷实富足，用"雍雍肃肃"来宣示其族人之和睦团结。

其词分别出自《诗经》和《左传》。《诗经·雅》有"苡芬孝祀"之句。"苊"指代果蔬。"苊"，今之茭白也，但在古代却把它列为"六

·古字难猜（一）（刘心怡摄）·

·古字难猜（二）（刘心怡摄）·

谷"之一。当年古民居主人为使刻石［图片"古字难猜（一）"］的四个字均带草字头，而选择"芢"字来指代粮食，其意也就是家中粮食富足之意。可谓极尽巧思。

另一方石刻则可认定为叠字"雍雍肃肃"。《诗经》的研究著作《毛诗正义》云："雍雍，雁声和也。"《尔雅·释言》："肃、雍，声也。"寓意族人和睦团结。

通过以上分析，可见古民居的两方石刻是一幅浓缩了的田园风光画，代表那个时代的人们所追求的美好意境，也体现了民居主人有很高的文化素养。

篆字在秦统一文字前，往往是一个字有多种写法，且偏旁部首在字中所处的位置也不固定。在书法篆刻作品中，同一个叠字的第二个字可用两小横表示，但匾额类的书写则不宜用此方式。出于对书写章法的考虑，书写匾额如遇叠字，要用该字的两种不同写法来书写。刻石［上页图"古字难猜（一）"］的四个字，上部皆有草字头，书家采取四种形式来书写；刻石［上页图"古字难猜（二）"］的"雍"和"肃"字，也采用不同字体的写法，这也是出于书写章法的需要。

❧ 探访卢戆章故里古庄 ❧

在同安的古庄村，一道溪流逶迤而来，穿过这个古老的村庄，流向远方，当地人把这条溪流称为"西溪"，沿着西溪进村，马上就远离了城市的喧嚣而进入山清水秀的村中。"语文现代化先驱"、汉语拼音创始人卢戆章就出生在这个充满田园秀色而又古韵怡人的古庄村。

"中华新字始祖"故居犹存

卢戆章的故居是一幢已有百余年历史的闽南红砖古民居，有两进院落和两列护厝最近进行了全面的修整。在故居边上，我们寻访到了卢戆章的宗亲卢锻炼以及卢和平、卢为珍、卢国庆等人，他们对卢戆章的生平了如指掌。卢锻炼是古庄村的老村长，他向我们出示了卢戆章的照片，开始说起卢戆章小时候的故事：卢戆章，乳名担，字戆章，号雪樵，生于清朝咸丰四年（1854），家中兄弟六人，他排行第六。祖上曾在厦门的福建水师提督府任职，曾经在当地显贵一时的卢家，到卢戆章这一代已经家道中落。当时在离卢家不远处有一家村办的私塾，卢戆章生性聪颖，家人希望他能重振家业，因此六个兄弟中也只让卢戆章一人入学，其他兄弟都以务农供养这位家人期望他成才的小弟。正是这位出身贫寒的卢戆章，日后成为我国"语文现代化"的先驱。卢戆章自谓是"中华新字始祖"，因为在中国近代他首创了用拉丁字母来为汉字注音，他虽未科举登第，光绪皇帝颁发的圣旨中却提到了他，中华人民共和国成立之后，周恩来总理在文字改革的谈话中也提到了他。

卢锻炼先生带着我们来到离卢戆章故居不远处的卢氏祠堂，告诉我们卢戆章在家乡时已经萌发了改造汉字之宏愿。卢戆章从幼年

·古庄村卢戆章故居（卢锻炼摄）·

时就深受"树培家学，振兴人文"祖训的影响，立志不仅要在族内培养知书达理的人才，还要在当时已岌岌可危之中华大地"振兴人文"。在西学东渐的时代，他努力向上，经常与离村不远的双圳头教堂的洋教士一起研究探讨文字音韵之学，在这个过程中，卢戆章深感中国汉字对于初学者来说是艰深晦涩的，洋教士教给他西方文字的音形符号，使卢戆章萌发了将汉字用西方字母注音的想法，因为这样能为广大普通民众认识汉字带来极大的方便，也可使教育过程简单化。

一目了然　抒发宏愿

清末名人林辂存曾经为卢戆章撰写了一副楹联："卅年用尽心机特为同胞开慧眼，一旦创成字母愿教吾国进文明。"道出了卢戆章对汉语拼音孜孜不倦的求索和百折不挠的精神。卢戆章约21岁时走出古庄村，前往新加坡求学三年，学习英语的音标和切音，同时用他的切音方式教外国人读中文。他39岁时在厦门发表了"中国切音新字"，为的是讲出他希望用新的拼音方式让广大普通民众掌握文字的宏愿。家乡人传说，卢戆章经常往来于厦门的一些码头，为了实践他的拼音字母教学法，他用拼音标示闽南方言给码头工人讲课，"九月秋风渐渐来，无被盖米筛，甘蔗粕，拾来盖目眉，蚵壳钱，拾来盖肚脐，网斗纱，掇来盖脚尾，遍身盖密密，未知此寒何路来"。这种歌谣，刻画的是底层劳动人民生活的真实感受，用闽南话读来朗朗上口，让码头工人很容易接受，据说很多被称为"瞎眼牛"的码头工人因此而认识了很多汉字。

老村长卢锻炼告诉我们，卢戆章虽然成了才，但为了推行他的文字改革，家庭反而更贫穷

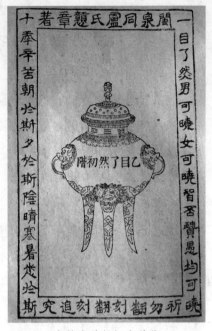

• 卢戆章首部切音著作 •

了，因为他多次把他的著作《一目了然初阶》等书自费刊行，又曾上京寄望当权者能采纳推行，但结果令他失望。不过海内外的一些有识之士倒是给了他真诚的帮助，如许世英曾题赠"闽南耆宿"匾额嘉奖之，厦门的绅士林尔嘉、黄仲训等竭力帮忙推行。卢戆章在《一目了然初阶》一书的封面上写道"一目了然男可晓女可晓智否贤愚均可晓，十年辛苦朝于斯夕于斯阴晴寒暑悉于斯"，表达了他以一生之心血，追求普及教育。

古庄村的村民告诉我们，卢戆章的后代分衍于海峡两岸。他女儿卢天喜的孙女周抱珊现居台北，曾著文指出：卢戆章为之倾注毕生心力的"国音字母"，已成为完美之国音读物，海峡两岸以及华侨界皆用之。古庄村的村民们说他们非常希望卢戆章的后裔能回到古庄，看看故里的新貌，发扬卢戆章的爱国精神。

第三节　群落守望　蔚为壮观

一花独秀固然艳丽，但春色满园更加迷人。单栋的闽南民居建筑就像一花独秀，而民居建筑群则是春色满园。如今，在闽南大地上，古代民居建筑群正日渐减少，我们走进尚存的古民居群中，感觉就像进入了一个可以遨游的大观园。

❧ 院前古厝连海韵 ❧

院前村为隶属于厦门市海沧区青礁行政村的一个自然村，亦称院前社，与保生大帝祖宫青礁慈济东宫同在一个村落。古村规模虽然不大，但尽得灵秀之气、涛声之韵。院前古村现存有较完整的古民居39栋，开台王颜思齐籍贯地青礁为院前所在的行政村，现在院前是海峡两岸共同缔造的一处新家园，她文化底蕴深厚，与隔海相望的台湾及南洋有剪不断的历史渊源，拥有其他村落无可比拟的传奇历史。

追本溯源探社名

院前社的历史特色和丰厚文化积淀得益于其地理位置，院前社背有青山环绕，地势较高，每逢大水泛滥，相邻的青礁常被水淹，院前社往往安然无恙。院前社位置优越，交通方便，数步之遥便是大海之滨，陆路"介漳泉之间"，这为人们外出创业提供了便捷的交通条件。村民外出创业多往台湾和南洋，许多村民的后裔就在那里落地生根、开枝散叶。

院前社名由来有两种说法，一说源自南宋吏部尚书颜师鲁。颜师鲁是青礁村人，是青礁颜氏开基祖颜慥的裔孙。颜师鲁于绍兴十二年（1142）考取进士，历任县丞、监察御史、吏部尚书等职。颜师鲁虽在朝为官，却系深情于桑梓。宋明道二年（1033），漳州、泉州瘟疫流行，民间神医吴夲依托青礁村的东鸣岭，悬壶济世、义诊施药，遭瘟疫的民众存活无数。民间传说吴夲治愈宋仁宗母后的乳疾，被封为"妙道真人"而扬名四海。吴夲羽化之后，人们缅怀其恩德，自发在青礁龙湫坑吴夲炼丹处建造龙湫庵，供奉祭拜。宋绍兴二十一年（1151），颜师鲁奏请其事，宋高宗赐建青礁龙湫庙；宋乾道二年（1166），宋孝宗赐庙号为"慈济"，改名青礁慈济庙；宋淳祐元年（1241）改庙为宫。

青礁慈济宫、颜师鲁与院前社的得名关系密切，这说来话长。颜师鲁是宋代有名的理学家，一生严格践行理学操守，深受宋高宗赏识。他非常重视教育，任国子监祭酒时，第一份奏章就建议宋孝宗加强理学教育，用理学教化群臣和百姓，以扭转社会风气。颜师鲁心怀儒家"由亲及远、兼济天下"的理想，他建议朝廷推行教育，先从自己的家乡做起。颜师鲁在慈济庙附近兴建书院，青礁慈济宫的文庙据说就是颜师鲁的祖上颜慥兴建书院的旧址，颜师鲁亦曾在先祖兴学的旧址上再兴书院。院前社的地理位置就在书院之前。古人以南为前，以北为后，分析其地理位置可知，院前社在颜师鲁书院之南，即书院之前。

院前的得名还有其他说法，一说，院前社村前曾有一座"云乔院"。有的说"云乔院"是书院，有的说"云乔院"是尼姑庵。历史上，院前社曾出现过"三院"，但现在院前社并无名带"院"字的庵堂。"云乔院"和"三院"已无迹可考。也有人质疑，院前社的"三院"都是庵堂而非书院。根据闽南民间的习惯，供奉神灵的庙宇称"庵"而不称"院"，况且"庵"与"院"在闽南话中有较大差别。所以，院前社的得名与颜师鲁书院之间的关系更密切。

文风雅韵古厝情

　　院前社既然得名于颜慥、颜师鲁的书院，因此其古建筑展示了古村的昌盛文风。考察其历史遗存，重视教育的文化特征十分鲜明，传承着特有的书院之风。

· 院前社双连院 ·

　　村外靠近马青路一侧的古建筑，大多年代较早，据现居住者介绍，有的古厝建于明末清初，这些古厝的山花（燕尾脊下、人字形墙面上端的装饰）大都以琴、剑、书卷、画轴为装饰图案。村中有一"两落双护"的古厝，据说建于清中期，这一建筑中有与书院教

育有关的各种装饰。庭院墙面上编录古代名篇，房檐下则彩绘多幅
《童子读书图》，尤其可贵的是，"水车堵"上展示了一系列西洋风情，
有西式楼房、西洋钟等。看了这些绘画，可以发现院前社不仅重视
传统教育，也重视吸纳外来文化，很早就"中学为体，西学为用"。

·院前社人文荟萃·

坚守传统而不排外，这与院前社先民闯荡海洋，游走海上丝绸
之路创业的经历分不开。最能反映这一经历的古建筑要数院前社的
大夫第和颜江守兴建的六落"三连院"大厝。

大夫第建于清朝同治年间，已有一百四十多年的历史，建造者
为在海外经商的院前村民颜珍伟，颜珍伟有财富而无社会地位，因
此他让他的儿子走上科举之路，后被敕封为"大夫"，所以这座宅第
就称为"大夫第"。与其他古民居不同的是，大夫第的建筑装饰上透
露了许多海洋文化信息。建筑中有一条由立体彩塑装饰的"水车堵"，
上面有各种各样的船，其中最特殊的是一艘蒸汽轮船，这艘蒸汽轮
船上的舱口很多，足见它吨位不小。当时，蒸汽轮船才刚诞生不久，
但院前人建房时就已把它作为自己建筑的装饰了，可见院前先贤对
海洋文化认识的敏锐。

135

　　位于院前社内的颜氏古厝，修建于光绪年间，由六座房子组成（包括两条护厝），也称六落古厝。站在古厝的庭院前，可以看到三落古厝呈"一"字形排列，故称"三连院"。古厝的建造者是本村清代印度尼西亚华侨颜江守，出于对祖地的怀念及落叶归根的愿景，同时也为荫庇子孙后代，颜江守出资兴建六落古厝。由于三院毗连，规模宏大，气势非凡，再加上建造精良，在海沧众多的古厝中可谓独具特色。无论是从建造工艺看还是从华丽程度看，颜氏古厝都可称为厦门现存古建筑物中的经典之作。虽然经过百年时光，古厝许多地方都已破损，但总体格局仍然保持完好，从房梁屋脊的雕刻和门前的浮雕画上依稀可以看出当时的大气与精美。

· 雕梁画栋 ·

　　古厝的庭院宽敞明亮，听村中的长者介绍，颜江守注重教育，特地兴建大庭院，使其同时发挥书院功能，颜家的子孙后辈在此学习嬉戏，居住场所和学习的地方融为一体。颜江守长年在海外奔波，见多识广，他秉承院前人热爱桑梓、重视教育的传统，其建筑体现了丰富的文化内涵。六落大厝，每一落门前的浮雕都有独特含义，富含古典寓意。其中一幅浮雕创意来自周敦颐的名篇《爱莲说》，工匠手艺精湛，巧夺天工。清新高洁的莲花跃然眼前，旁边附言："出淤泥而不染，濯清涟而不妖，中通外直，不蔓不枝，香远益清，亭亭净植，可远观而不可亵玩焉！"主人的志向不言而喻。另一幅浮雕上刻有菊花，旁边题字"漫道秋容淡，黄花晚节香"，黄花即指菊花，语出宋朝韩琦的诗《九日水阁》："虽惭老圃秋容淡，且看黄花晚节香。"秋天是万物萧条凋敝的季节，菊花却在此时傲然盛开，用于赞誉道德情操高尚。其他浮雕分别以素雅的梅花、高雅的牡丹、娇艳的桃花为主题，各具风情，浮雕旁的题字都采自名家。这些浮雕画华美又不失古朴，既装饰了古厝，为其增添了文化气息，也起到教化的作用，陶冶了居住者的情操。

窗楣上分别题有代表不同寓意的词语，如带有吉祥如意之意的"延禧""集福""凝禧"，对仗工整的"凤舞"与"龙翔"等。除传统纹饰外，颜江守还使用西洋花卉纹饰和生活用具纹饰，记录外洋见闻，作为陪衬。他也继承了先辈坚持传统而不拒吸纳外洋文化的思维。

颜江守不仅注重教育，也重视传播经商之道，作为早期在外创业的侨胞，其具有开创、探险精神，并深谋远虑，为家族的发展注入鲜活的血液。颜江守在古厝门前的浮雕上运用了钱币、商行、车船等纹饰，其古厝装饰中西文化兼容，传统文化的精髓体现得淋漓尽致，更可贵的是它不拘泥传统，不墨守成规，能西为中用，两者相得益彰。屋檐横梁前的浮雕使用了浓郁的色彩，用宝蓝、鲜黄提亮，夺人眼球。有趣的是，浮雕的左右两侧挂着当时西洋的舶来品——时钟，将传统与现代结合得天衣无缝。村中的长者自豪地告诉我们，这座古厝"将文化雕刻在墙上"。有学者认为，颜氏古厝是"古典与现代的结合，东方风情与西方浪漫的最佳融合，大气与精致并存，是晚清建筑与传统文化的集大成者"。

时空难割海洋情

院前社的颜氏先辈漂洋过海外出创业，代不乏人，颜江守家族具有代表性。

颜江守（主要活动年代在清光绪年间至民国初年）在印度尼西亚经商时，不断带回财富，为家乡的发展做出巨大贡献，令人叹为观止的六落古厝是他为家乡留下的丰厚文化遗产，具有很高的研究价值。据有关史料记载，1916年3月，颜江守同印度尼西亚华侨郭秋春、黄仲涵等共同募款创办印度尼西亚三宝垄华英中学，教学英汉并重，成为第二次世界大战前中爪哇省主要的华侨学校，为弘扬中华文化做出巨大贡献。

颜江守的裔孙颜伯龙介绍说，颜江守兴建大厝后仍在海外创业。到了晚年，他拥有雄厚的资产，尽管在印度尼西亚的事业蒸蒸日上，但考虑到海沧与台湾仅一水之隔，今后依托祖地在台湾开辟生意，必有作为。因此，他在台湾购置了大量房产。他总认为树高百丈不忘根本，由于生意繁忙，儿子在海外成家，他对此事耿耿于怀。为了不忘根本，他嘱咐后人要回祖地寻根。孙子颜少川带着两个儿子回祖地寻找妻室，其中之一即颜伯龙之父。回来不久，中华人民共和国成立，颜少川不忘祖训，直到终老仍不时提起颜江守的遗训"要记住唐山，不要忘本"，体现了一代华侨崇高的爱国情怀。现在，颜江守的子孙繁衍在闽南、台湾及南洋。

远至大洋彼岸，近至东南亚以及与厦门隔海相望的台湾，颜江守这样的爱国华侨难以胜数，他们远离故土，但思乡之情爱国之心却不因为时空的阻隔而有丝毫减弱，他们或修建古宅，或兴办学堂，或捐建庙宇，尽己所能为祖国效力。院前的这些古厝不仅是他们给祖地留下的丰厚遗产，更是他们的子孙后辈寻根溯源的依据。

值得欣慰的是，院前古厝的价值在2015年时引起有关方面足够的重视，古厝保护的情况有了改善。院前古厝有的开辟为国学讲堂，有的整理成参观点，整个村落则成了海峡两岸追根寻源、共同缔造的家园。

❧ 大夫第与中宪第的故事 ❧

院前社是海沧知名的古村，遗存的古民居群中的大夫第和中宪第，在村中一直流传有一段传奇故事。相传清朝晚期，位处海边的院前社经常受到一些海盗和西方侵略者的骚扰，朝廷派遣军队驻扎沿海并设有关卡，村民不准下海。

大夫第外观（刘心怡摄）

有一回，村民颜珍伟兄弟在田间收割水稻，突然发现有一群兵丁在村前海边阻止一艘外来的兵舰停靠，但舰艇上的洋兵气势汹汹，清兵与他们打了一仗，最后打退了洋人。这时天色已晚，颜家兄弟看到士兵打仗辛苦，就把刚收割的粮食送给将官。将官留下他的名字，带着军兵回到营房。后来才知道，这些清兵是闽浙总督颜伯焘的下属，他们回去之后向颜伯焘禀报：民间痛恨洋人骚扰，自动送来粮食。同时禀告兄弟两人的名字。颜伯焘与院前有宗亲之谊，得知此事，格外奖赏兄弟两人，并准许他们通行海上关卡。因此，颜珍伟兄弟借此方便，来往南洋经商，发财巨万，各建了一栋华宅。他们的儿子后来走上科举之路，一个被朝廷封为中宪大夫，一个被封为奉政大夫。从此，他们的宅第一座被称为大夫第，一座被称为中宪第，一直保留至今。

根据颜氏族谱的记载，大夫第的颜氏族人是孔子得意弟子颜回的后裔，厅堂上悬挂颜回画像并有对联云：德高东鲁，先师论语称贤哉；派衍青礁，肇基两岸颂名焉。

· 大夫第内景（刘心怡摄）·

对联道出颜回在孔子弟子中的出类拔萃和其文化对后代的影响；颜回的后裔从山东定居青礁之后，颜氏又衍派台湾，所以现在海峡两岸都有颜回的子孙，而颜回对中国文化的影响，是很难用语言来形容的，故称"两岸颂名焉"。

❖ 海丝弄潮古新垵 ❖

在闽南民居建筑的大量遗存中可以发现，除了单体的建筑之外，还有一些规模宏大、规划有序的古代民居建筑群。厦门海沧区新阳街道，古代这里被称为新垵下洋，并流传有俗语"有新垵下洋的富，没有新垵下洋的厝"。随着人口的增加，经济的发展，族群的兴旺发展及民居建筑日渐提升建筑质量，在一定的历史时期内形成一定的规模。以家族为基点，闽南民居建筑形成了由单体到群落的屋落格局延伸特点。

一条小河流淌着先人的足迹，一幅幅古画演绎着当年的风情，一片红砖古厝负载着厚重的人文。走进新垵村，蓦然发现，她是一页绚丽的新垵人闯荡海上丝绸之路的定格画卷。

新垵古民居群（李欣摄）

小河漾来一方富

新垵位于海沧马銮湾西南侧，据文献载，元朝时称为郑墩。明代属负责管理海上贸易的安边馆管辖区。清代时，新垵先后是海澄县、龙海县、同安县辖地。1958年8月，海沧和新垵从海澄县划出，归厦门市。

在新垵清河轩古民居里，我们发现了一幅有趣的壁画，老主人把它称为"番船图"。他说自己的祖上曾与"番仔"（洋人）有生意往来，说得确切一点，是他们的祖上沿着海上丝绸之路到南洋与洋人做生意，其中主要的大宗商品就是绸缎。那时还是清朝年间，见过世面的先辈在建房时，以当时世界上各种先进的船舶为蓝本制成了自家豪宅的装饰。细细品味画面，可以追溯新垵人与海洋的密切联系。新垵人出洋通番的历史渊源非常久远，《同安县志》上记载：元末明初，

·新垵古民居中描绘出洋通番的壁画·

同安仁盛乡安仁里新垵村邱毛德等人渡洋"通番"经商；明嘉靖、万历年间，邱姓族人又往吕宋（菲律宾）、安南（越南）、新加坡、缅甸等地谋生、创业。实际上，新垵人就是沿着海上丝绸之路不断探索和拼搏。特殊的地理位置使这里成为远洋运输从业者、海上贸易从业者和海外创业者的聚居地，现在走进新垵仍可看到许多古代河道从村中穿过。

原任新垵村党支部书记的邱清镇先生说：古代新垵各村几乎都

有河道相通，中河、边河、顶角河，河河相连，内通霞阳，外通大海。新垵、霞阳（新垵与霞阳毗邻，民间常通称新垵霞阳）的先辈们，得舟楫之便，纷纷出洋谋生、创业；创业有成者运来各种优质建材，营建华屋，新垵霞阳之富，遐迩闻名。留存至今的大量高质量红砖古民居，就是那段历史的遗存与见证。

兼容博取说风采

在新垵惠佐河岸边，庆寿堂犹如一位握瑾怀瑜而又虚怀若谷的长者，隐匿在古河道边。历史总是开这样的玩笑，当初面朝大海的府邸如今变成池边老屋。

庆寿堂为清代辞官经商的邱得魏所建，占地约四亩，是当地民居的代表。走进大宅，首先跃入眼帘的不是恢宏的主体建筑，而是幽静的书房，匾曰"观圃"。字迹仍然非常清晰，门联云"文章师造化，天地尊自然"，隐约可猜出主人读书的志向与情趣，亦可感受到主人对教育的重视。建筑布局上，主人显然扬弃了使用屏风"障景"的传统，代之以书房，既别致又富于情趣。登门入室之前，先在书房前澄净心境，确实独具匠心。绕过书房，面前豁然开朗，正房恢

• 美轮美奂的庆寿堂 •

宏的气势蓦地呈现在眼前。门框是打磨光滑的白花岗岩，周围配有青石雕祥兽。虽历百年风霜，但那些雕琢的人物神兽至今仍栩栩如生。大宅渐进渐深，雕琢精美的饰件和诗画书法的镶嵌令人目不暇接。中堂前有精美的大型"天弯罩"雕刻，令人眼界大开，以百鸟为主题，精细到连羽毛都十分逼真。仔细观察，这雕刻当中竟出现白鹭，呈现鲜明的地方特色。画屏上镌刻着《爱莲说》佳句"出淤泥而不染，濯清涟而不妖"，墙上有一幅别致的壁画，画的是洋船和帆船在海面上进行贸易的"通番贸易图"，这是百年前新坡人出洋通番的真实写照，是古宅壁画中的珍品。

庆寿堂的建筑材料大有来头：门庭前的石雕用的是"青斗石"和"泉州白"，廊庑下的地砖产自异域……庆寿堂中精美的艺术品令人目不暇接：厅堂上装饰着西洋镜和西洋钟，画屏上镌刻着古典诗词和警句……东西方文化艺术在这里和谐地交汇。

•古民居上的石雕•

•红砖墙面暗藏文字•

古村地理有新篇

新垵一带藏有丰富的高岭土，高岭土是制瓷原料，远在唐代，这里的制瓷业就颇具规模。这里还出产优质的螃蟹，西瓜、甘蔗、大蒜也很有名。近年来，海沧在加快城市建设的同时，农业形态也在更新换代，新垵人迎来发展机遇，许多人从农业转向工业、商业，越来越多人过上富足的生活。尽管新垵的许多河道已经干涸，海岸向前延伸许多，古厝少有人居住，但海沧政府仍规划疏浚水系，让活水再入古村，让新阳古民居内恢复河水波澜、商埠古渡的风貌。

· 田园意趣 ·

❧ 钟灵毓秀霞阳厝 ❧

霞阳村位于海沧西隅、马銮湾畔，这里是闽南红砖古民居的最大集群地之一，同时还有精巧别致的"番仔楼"。这片楼群是海沧历史记忆的经典，其中蕴藏着华侨创业、闽南人文、建筑艺术等不可低估的历史文化价值。

古厝人文留风采

灵动的山水赋予人们灵动的心。霞阳村原有五百多幢红砖民居，其数量之多，建筑之精美，规模之宏大，堪称闽南之冠，更为海峡两岸所鲜见，可惜的是，随着城市建设的加快，这些古民居日渐减少。

红砖古民居展现的是经过岁月淘洗的细致，雕栏在时间的洗涤下渐渐褪去铅华，却掩不住昔日的辉煌。这些民居多以红砖为墙、红瓦为顶，用花岗岩作基础与台座，辅以木石的透雕、漏雕、圆雕、浮雕，其图饰和砖雕的精美绝伦自不在话下，门庭施以楹联，厅堂挂有诗词，闽南文化气韵盎然其间，身处其中还可以感受到中西文化的交融。营建房屋的建材多从南洋运来，墙上的砖画、雕饰透露着海洋气息，是当年先人闯荡海上丝绸之路的见证。

游走在错落的古民居群中，犹如进入时间隧道，转弯处，深宅大院"资政第"、"绣英阁"、古戏台、杨本营古厝等映入眼帘。

这些古厝从外面看，感觉庭院楼阁规模宏大，进入其间，更觉得"庭院深深深几许"。绕过大厅，庭院两旁水廊相接、狭门相通、环环相扣。其中"资政第"的布局共有五落，我们看到最后一落成了一片荒丘，主人说那是抗战时被日本飞机炸毁，所幸现存的四落古厝完好。古宅的主人、现已八旬的邱老先生讲起祖辈的过往，津津乐道。他说，祖上"盘山过岭，犁头戴鼎"（闽南俗语，远途跋涉、历尽艰辛之意）到海外创业，事业有成后特意回乡盖起这幢华屋，对桑梓的公益事业多有贡献。祖辈辛劳创业的精神和乐善好施的德行一直影响着世代子孙，门庭上"和气所居"的古训想必便是老先生待人处事的信条。

道别古宅，走在马銮湾畔，老屋"番仔楼"展现别样风姿，西式楼体中挺立出一座精巧的中式亭台，隔着一湾碧水远远望去，颇觉鹤立鸡群。

绚丽中仍有遗憾

一枝独秀总不如满园春色，群体性和整体性是古民居历史文化价值最重要的元素。近年来，马銮湾一带正在开发建设，红砖古民居群被新兴的建筑蚕食。古民居群被肢解，被水泥丛林包裹，一片古民居中突兀地立着几幢崭新的楼房，犹如美妙的古画被贴上几块新补丁，令人看了不胜惋惜。

霞阳村才子佳人邱韵香与杨文升的爱情故事，是当地村民口口相传的佳话。走进新阳街道霞阳社区村口的广场，穿越静谧深邃的小巷，村落里一座古朴精美的闽南古厝——"绣英阁"即展现在眼前。邱韵香（1888—1977）海沧新垵村人，出生于台湾嘉义。甲午战争之后日本占据台湾，父亲邱缉臣举家内渡回到祖地海沧新垵村。邱缉臣是清朝"明经"（科举科目的一种），是一位爱国诗人，留有《丙寅存稿》诗集。邱韵香在父亲影响下，博览群书，能诗善赋，诗词有才女李清照之气，书法墨迹亦自成一格。

当时杨家人患重病，听闻新垵村有一位台湾名医邱缉臣，杨文升便前往求诊。邱缉臣治好了杨家的病人，杨文升便替家人登门感谢，正巧碰见亭亭玉立的邱韵香。杨文升对邱韵香一见钟情。为了见到邱韵香，他常以求医为名登邱家门，并送些南洋咖啡、安溪茶，逐渐与邱韵香熟悉了。后来杨文升又送了一张画给邱韵香，请她为画卷添写诗句。二人看似作画添诗，实乃暗诉衷情。男女

· 邱韵香 ·

双方志同道合，两相情愿。邱韵香嫁入霞阳杨家之后，便将住所命名为"绣英阁"。自从台湾嘉义来到霞阳村绣英阁，她从未停止过对诗歌创作的追求，著作有《绣英阁诗抄》等。年近而立的邱韵香曾因陈嘉庚礼请，为其妹妹教学。邱韵香还精研医理，曾用诗句记录对医学的理解，如诗作《论医五首》。她在不惑之年，仍然"寓厦行医"。

我们艰难地在峰回路转之中寻找到杨本营古厝，她深藏乡井之中，犹抱琵琶半遮面，在几棵大榕树的遮掩下显露古韵之美。正厅内天井已用铁网防护，听说是因为古厝门上雕花常有盗贼光顾，邻居家经常有古物被盗走，防贼之心不可无，因此天井也要安装铁网。主人平静地诉说，话语中掩不住对古厝的爱惜。如今，古厝里只有少数老人居住，一年当中难得几次人声喧哗，那就是逢年过节时，儿孙们还是尽孝道的，各个房头的子孙都会汇集过来，带着丰厚的祭礼前来祭祖；偶尔那些从台湾或海外回来寻根的本宗后裔，还会受到隆重的礼遇，开中门迎接，开中堂祭祖。我们在祖堂的门础下发现了一个精致的石雕：一位老大爷手握一把旱烟枪斜躺着，他似乎很惬意。

• 杨本营古厝门口的石雕 •

在霞阳，我们发现那些别致精美的番仔楼，也因年久失修而失色。有一位杨姓老伯告诉我们，祖上留下的古厝，历经多代之后损坏严重，根本没有维修的财力，他表示出了一番无奈。看来，古民居的妥善保护和正确修复已经迫在眉睫。

❧ 美轮美奂蔡氏宅 ❧

走进官桥蔡氏古民居，宛如走进一段历史。那些随处可见的精美石雕、木雕和砖雕，虽经日月侵蚀，却依然弥足珍贵。

·蔡氏古民居石匾·

宅邸的主人名唤蔡资深（1839—1911），南安市官桥镇漳里村人，是清末旅菲爱国华侨。他16岁随父渡洋，历经十余年苦心经营和积攒而成为巨商。清同治乙丑年（1865），他斥巨资在家乡组织族人购荒地开垦，并择地筑祠堂，建宅地，于是就有了如今被誉为"闽南建筑大观园"的蔡氏古民居。作为海上丝绸之路的起点，南安自唐宋以来历代都有人出海谋生，明清时期更有大批人出洋闯荡，其中不乏成功者，蔡氏古民居的创建者蔡资深就是其中的佼佼者。

·庚寅状元吴鲁墨留古厝·

·两卷硬黄书老子，数峰破墨画庐山·

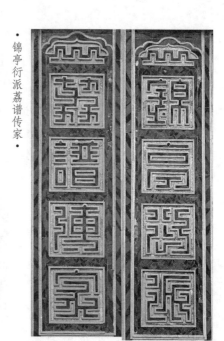

·锦亭衍派荔谱传家·

蔡氏古民居现在的主人蔡宗敬，是蔡资深的第五代后裔。对先祖的那段历史，自然非常熟悉。每每有游客到访，他都能用带着闽南口音的普通话向游客介绍。据他介绍，蔡资深于清朝后期与其父

·俯瞰蔡氏古民居群·

蔡启昌南渡菲律宾，在岷市的后街仔开设晋益小烛铺子。1850年蔡启昌回国，铺子交由蔡资深经营。蔡资深克勤克俭，取信于当地百姓，在岷市广置产业，经营范围和规模盛极一时，先后涉及百货、布匹、木材、房地产、家具、大米、纺织、铁器等。

尽管在当时已是远负盛名的巨贾，但蔡资深骨子里仍深受儒家思想影响。中国人传统的重农轻商观念，使蔡资深感到经商如水中浮萍，没有从事农业来得坚实，他认为"久远之业商不如农"，故应"士农工商全面发展"。他决定把大量财富从东南亚转移到国内，于是在故乡广购荒地，组织兄弟子侄开垦种植。

· 灰泥塑造佳句 ·

于是，从1867年开始，在南安官桥漳里村这片背山环溪的琵琶形"风水宝地"上，蔡资深开始大兴土木，经过近50年的凿凿刻刻，至1911年，一座占地40多亩、共有400多间房屋的建筑群诞生了。当时，许多建筑装修材料都是从菲律宾海运过来，加之闽南独具魅力的雕刻艺术和装修风格，这个建筑群俨然成了一幅中西合璧的历史画卷。

近百年过去了，走进蔡氏民居群，闽南建筑艺术带来的视觉冲击仍是如此震撼人心。如今，蔡氏古民居作为闽南古民居建筑艺术的最高水平，赢得了"闽南建筑大观园"的美称，更是成为全国重点文物保护单位。

❧ 燕尾高翘埭美村 ❧

　　埭尾村（又称埭美）位于龙海市东园镇西部、南溪港下游，村
前的南溪港有个古码头，叫作亭子路头，至今仍有班船往来厦门。
埭尾村曾经繁荣一时，富甲一方，与厦门、台湾有着深远的渊源，
现在它正因其历史的风华走入人们的视野。本文旨在从地理人文的
角度探寻埭尾村古民居的丰厚闽南文化内涵，并首度揭示古往今来
埭尾村与厦门、台湾深深的情缘。

· 闾阎扑地蔚为大观 ·

埭尾缘系厦门、台湾

埭尾四周环绕绿水，独特的地理位置使它物产丰饶，水路运输便捷。历史上埭尾村人就因具有"耕"海耕田的便利而富甲一方。古村的长者陈大古老先生，从小就过着讨海务农的生活，追溯起埭尾村的历史风华，他告诉我们，还要先了解村前的"两道水"：绵延数里、环绕村庄的内河和通往外界的南溪港。内河使埭尾成为名副其实的"闽南周庄"；南溪港又使它与厦门一水相连，同时在历史上又便于过台湾。村中老人告诉我们，埭尾村历史上的风华离不开厦门与台湾。村前的南溪港曾经是繁荣一时的闽南重要古港，几百年前埭尾村人选择了两条重要的致富之路：走厦门、过台湾。他们利用自家门前的水路向厦门运输大米、日用品等，并在厦门开店。同时他们也利用南溪港向台湾运输农产品、杂货，甚至族群中还有一个分支因此而定居台湾，来往两岸成为他们经营谋生的主要渠道。

· 宛在水中央 ·

153

当地村民经常运送台湾的特产到厦门、漳州，辛勤往返，利润可观，因此他们在埭尾营建起自己的理想家园，并按照族群的规矩，哪家致富建房由族里统一规划，因此历经数百年的建筑，其格式整齐划一，这一景观令人赞叹。

独特民居蕴含人文精神

埭尾村最令人惊叹的是此处保存有规模宏大、历史悠久、现状完好的闽南红砖古民居群。有关资料表明，古代开漳圣王陈元光的后裔定居在埭尾村，族群繁盛，这些古民居至今仍为陈氏族群所居住。当我们走进巨大的院落之中，穿行在小巷间，似乎是在穿越时光隧道。埭尾古民居所用的红砖比我们现在所使用的红砖大两倍。有专家认为，这样大的红砖盛行于明代至清代中期，由此推论埭尾古民居群大致建于明代至清代中期，这个时期正是月港繁荣、厦门港兴起的历史时期。

古村里一排排整齐的古厝之间都间隔着一条一米多宽的小巷。由于屋檐外伸，宽宽的房檐遮住了通道，可以遮阳挡雨。陈大古先生说，碰上下雨天，不管到哪家走门串户，都可以不用打伞，甚至穿行整个古村也不会被雨淋到。这种特殊的格局，体现的不仅是一种建筑的巧思，还蕴含了一种人文精神，即互相关照，守护相望，多元和谐。由于村子四周水流环绕，地理位置奇特，易进不易出，每家人都把古村视为自己的大家庭，有事大家帮，所以古时候连盗贼都不敢光顾埭尾村。埭尾古民居还有一项特色就是，所有房子的正屋门都挂有带有传统花样的编织门帘，古色古香。虽然漆画已模糊，却留下了浓郁的古韵。位于村中的陈氏祠堂有副对联云：鹿山献瑞勤读鱼可跃龙门，芝草呈祥乐耕民仍耀祖德。既勉励子孙勤读博取功名，同时也告诫后代要安于本分，衷情田园也是光彩的事情。因此，古村至今民风淳朴，人才辈出。

古村风情展现传统魅力

村旁的古码头边, 刚从田间收获的西兰花顺着内河运到了这里,
所用的船仍然是手摇橹船, 年轻一代的埭尾村人陈志强先生指着每
家每户前停泊的手摇橹船告诉笔者, 埭尾人依旧保持传统的生活习
惯, 村里的男子不论老少都要学会划船, 直到今天, 村里的所有男
青年都是划船好手, 甚至妇女也会, 村民们愿意以保护生态的生活
方式坚守这片古村落的宁静和安然。村民陈林地先生回忆说, 几十
年前南溪港内盛产的海蜇皮、土虾、螃蟹等水产品目前几乎绝迹,
这是环境污染等多种因素造成的。陈志强先生感慨地说: 我们更要
坚持保护生态的生活方式, 小船上不用柴油机自然就减少了污染,
大家希望能为子孙后代留下一片安宁的乐土。船从水面静静地划过,
一位阿婆蹲在岸边正在清洗着自家栽种的菠菜, 抬头看到我们, 她
笑着伸手打招呼, 神情自然而开心。

埭尾人一方面在坚守, 另一方面也在积极地走出去。便利的现代
交通为埭尾古村打开了一扇通往外界的门, 许多村民营生创业的首选
地就是厦门。陈大古先生骄傲地告诉我们, 他的儿子从厦门大学毕业
后便在厦门工作定居, 每当他想念儿子的时候, 就抱着小狗去厦门住

·走进古村落·

上几日。尤其现在厦漳大桥已经建成，现代化的交通使得埭尾和厦门之间近在咫尺，从厦门到埭尾就如同从自家的前厅到后花园般方便。

采访即将结束时，陈大古先生还表达了一份隐藏多年的牵挂。他说，历史上的埭尾人播迁到各地，尤其是台湾，曾有一个县的人口那么多，曾有台湾的族人仍不忘祖，想念亲人，让自己的子孙带着手绘的地图回来寻根。他希望那些散落在海峡对岸的埭尾后裔，不用凭祖先手绘的地图就能寻到回家的路。

埭尾祠堂藏龙舟

埭尾古民居群中有一座宏伟的祠堂，流彩纷呈，精致华丽。走进祠堂，便可看到一艘与整个祠堂长度等长的大龙舟，龙舟长20多米，贯穿了祠堂的前庭和后厅，这种景象也许只有在埭尾的祠堂里才得一见。

据村民陈志强先生介绍，龙舟是村中端午节时使用的，是埭尾村人文精神的象征。根据村里的传统，年轻人可获得参与划龙舟的资格，划龙舟时由村里德高望重者作为领军人物，有经验的村民担任主要舵手，新手则安插在中间和后面。陈志强先生说他当时只能当尾舵，埭尾村的这艘龙舟可由30多个人一起划动，在这个过程当中，年轻一代的新手可以体验到集体协作的精神。在划龙舟时，既要拼搏，还要讲究协调，划龙舟可以说是埭尾村人民间赛事的强项。"祠堂藏龙舟"也因此成为埭尾古建筑中的特有景观。

❀古风古色金门山后❀

因"固若金汤，雄镇海门"而得名的金门，至今遗存2600多幢红砖古厝，而最著名的要数被辟为金门民俗文化村的金沙镇山后村中堡的"十八间王家厝"，其给人的印象尤为深刻。

在金门旅游，听着闽南话，吃着闽南菜，行走于红砖古厝聚落间，真心觉得自己仿佛就置身于熟悉的闽南之地。

金门地区流行着一句俗语叫"有山后富，无山后厝"，这句话的意思是说在金门比山后村富裕的村落多的是，但没有一个地方的民俗建筑比得上山后村。

山后村中堡的红砖古厝是金门岛至今保存完好且规模最大的闽南民居建筑群。该村有雕画精美的闽南传统二进式红砖古厝16栋，家祠一栋，学堂一栋。它们始建于1876年，历时20多年，于1900年完工。完工后的建筑，红砖飞檐、"水车堵"、龙虎壁、正面墙身，皆以浮雕及华美的彩绘装饰，充分体现了闽南传统民居建筑的艺术之美。漫步于金门岛上，不时有红砖古厝的飞檐越过郁郁葱葱的道旁树映入眼帘，而山后村绯红的砖墙屋瓦、高翘的屋脊、精美的雕梁画栋、栩栩如生的砖石浮雕、镌花刻鸟的窗棂，这些红砖古厝的种种元素总能唤起闽南人似曾相识之感。这不奇怪，金门历史上就隶属于同安县。民国四年（1915）才独立建县。山后村的建筑，始于清末民初，在多年的风雨里诉说着一方土地的历史变迁与璀璨人文。

金门建筑不仅有水头的洋气，而且有山后的古典。水头在西南，山后在东北，遥相呼应，像金门闪亮的眼睛。

·蕴含古今人文·

　　这是一个依山面海而筑的村落，16幢闽南传统的二进式建筑、一幢王氏祠堂、一幢私塾海珠堂，纵横呈棋盘式排列，燕尾屋脊直插天际，构成了完美气派的村庄。"十八间王家厝"的全部房舍均系闽南传统二进式建筑，是旅日侨领王国珍、王敬祥父子构建并分赠给王氏族人居住的宅第。改建后的古厝群，依然不改迷人风采：红瓦盖顶，明艳脱俗；泉州白石砌墙，坚实牢固；交趾陶装饰壁面，精美典雅；斗拱雕琢，富丽堂皇；燕尾翘脊，飞扬天宇；檐顶、柱头、壁饰皆甚精美，各式石雕栩栩如生。

　　闽南人喜欢红色，房屋墙体多为红砖叠砌，看起来喜气洋洋的。山后村的喜庆气氛像触目所及的大海，让人心潮激荡。

　　白石构筑的屋宇地基牢固，檐顶、柱头、壁饰的精雕细镂，显示着主人的财富和品位。尤其是王氏祠堂和海珠堂，简直就像闽南建筑艺术博物馆。祠堂门口一幅幅美轮美奂的壁画雕饰，内容都是寓意吉祥的故事，每个建筑细节都深藏玄机，体现着主人对中国传统文化的尊崇。为了保证闽南建筑的原汁原味，山后村所需的建筑材料都从漳州、泉州海运而来，甚至连工匠亦从漳泉等地聘请。王国珍父子的良苦用心由此可见一斑。

　　作为私塾的海珠堂，堂前平台上有一个小小的观赏池，池中有

·多彩门庭·

鲤鱼跃龙门的雕塑，栩栩如生，估计每个王家子孙都得在这里上人生的第一课。站在这个平台上，每天清晨可看到太阳从海面腾空而出，这种振奋感犹如心灵的晨操。

山后村的后山建有一座"望海亭"，登高远眺，海天一色。俯瞰村落，古居密布。

1979年，山后村被定名为"民俗文化村"，将村中典型之家

· 飞檐对话 ·

族传统共有空间加以陈设并开放参观，其展示文物馆包括文物、礼仪、喜庆、休闲、武馆、生产等六个馆及古官邸一座，为金门目前经规划整修后最为完整之古厝风貌区。

· 古厝有大观 ·

　　历史进入清末民初，随着闽南人过台湾、下南洋人数日多，闽南人眼界日渐开阔，收入渐增，这一背景影响到了闽南的民居建筑。番仔楼以一种新的姿态出现在闽南大地上。"番仔"是闽南人对洋人的一种称呼，侨居地则称为"番平"，也是对中国之外的他邦异域的一种指代。"番仔楼"是指从"番平"移植过来的楼房，番仔楼一落足闽南大地，就形成了一种"西洋其表，中华其内"的特殊建筑形式。它并不是生搬硬套或复制洋人建筑，而是一种外来建筑和闽南建筑的融合。可以这么说，闽南建筑的发展和闽南人眼界的开阔催生了番仔楼，番仔楼蕴含了许多传统的闽南民居建筑元素。闽南红砖大厝的美学元素和西方的洋楼形式得到融合，有闽南大厝，才有闽南的番仔楼。有番仔楼和闽南民居建筑，才有后来的嘉庚建筑。

第一节　奇思妙技　构建洋楼

　　番仔楼在闽南的出现不仅使闽南民居建筑多了一种新形式，而且也多了新材料和新技术，这使洋楼建筑与传统建筑产生强烈的碰撞和磨合。奇思妙技在番仔楼中出现了。

❧ 棣萼古楼天下奇 ❧

　　厦门海沧的芦塘村有一处豪宅，名为"棣萼楼"，建造于鸦片战争后。主人陈再安到越南西贡（今胡志明市）经营大米生意，奋斗多年，生意越做越大。1895年，陈再安兄弟陈再佳在青礁村芦塘今18—20号建了三落大厝和东西护厝。陈再安在大厝东侧又建了一座2000平方米的大楼，起名为"棣萼楼"，楼名颇有深意，典出《诗经·小雅·常棣》："常棣之华，萼不韡韡。凡今之人，莫如兄弟。"诗以开花繁盛紧密的棠棣比喻对兄弟的思念。所以棣萼指的就是兄

俯瞰棣萼楼

弟之情，因此唐代诗圣杜甫《至后》诗中亦云："梅花欲开不自觉，棣萼一别永相望。"可见，陈家兄弟对这栋楼命名的用心。"棣萼楼"当地人称为"八卦楼"。光绪二十三年（1897），陈再安的三儿子陈炳煌考中举人，因此也有人称其为"举人楼"。

据了解，陈炳煌和帝师陈宝琛同为闽籍官宦，两人交谊颇深，建楼之初，陈宝琛特地为之挥毫题写了大门对联"兄弟睦家之肥，子孙贤族乃大"，横批为"卜凤家声"。《左传·庄公二十二年》载：春秋齐懿仲想把女儿嫁给陈敬仲，占卜时得到"凤皇于飞，和鸣锵锵"等吉语。后人多以"卜凤"为择婿的典故，但陈宝琛的用意则是讲陈家作为望族，是"卜凤"之家。陈宝琛的墨迹至今犹存。

棣萼楼内至今仍存有许多楹联，这些楹联基本上是深含兄弟和睦、子孙贤孝哲理的佳句，前庭联云：必孝友乃可传家，兄弟式好无他，则外侮何由而入；惟诗书常能裕后，子孙见闻止此，维中材不致为非。中庭的联首冠以棣萼之名：棣棣诗颂威仪，持已将贵其啸啸；萼萼礼称言论，居家宜济以恰恰。这些楹联今天读来仍然让人深有所思。

棣萼楼是闽南民居建筑中的奇葩，许多特别之处为其独有。尤其独特的是棣萼楼的楼板是利用工字铁排列在楼面上，在每隔约50厘米的工字铁缝隙填进石条，填满整个楼面后，上面再铺砖，这种造价比钢筋水泥还昂贵，工艺又极其独特的洋楼建造方式，在中国古建筑中极其罕见。但工字铁在历史的考验中显现出了它的弊病，那些见到阳光、经受风雨的工字铁，百年之后锈蚀腐朽，有些则膨胀裂开。据陈家后人说当年用工字铁做横梁，价格是杉木的百倍，但现在却恰恰应了闽南人关于建筑用材的一句古话：铁寿百年，木寿千年。意思是，在建筑物上用铁件看起来似乎很牢固，但它经不起百年的考验；而用木料做构件却有很好的耐久性，千年仍在。棣萼楼的窗户也是以铁条做栏杆，据说这样可以得到较好的采光效果，因为清代的窗户都是用石条做栏杆，采光效果较差。这些铁条栏杆

·闽南红砖装饰洋楼·

在百年之后显得异常任性，原来穿进榫洞的一头生锈后膨胀，居然把石条撑裂。倒是这栋楼采用的本土红砖、红瓦、琉璃至今颜色不变，鲜艳如初。

除此，棣萼楼内一些舶来的材料至今也仍散发光彩，楼内有一道屏风，采用的是法国彩色玻璃，据说当年这种小小的玻璃每块要花二两的白银漂洋过海买来，再配以中国巧匠制作的图案框架。据说单单这一道屏风就施工了两年，传统的屏风是不透光的，而棣萼楼内的屏风不仅透光而且五光十色。

·能工巧匠将西洋玻璃嵌进木雕里·

陈炳煌，又名陈东恒，民国十二年（1923）病故，曾任大清交通银行广东分行行长，广九铁路提调（局长）。

陈家人说，陈炳煌的祖父过世较早，祖母林氏含辛茹苦将孩子带大，光绪皇帝体恤她的贞洁，赐封一品诰命夫人。棣萼楼建成之后，陈炳煌特地请祖母来住在楼内，想让她好好享受一下清闲的生活，但传说老夫人年轻时有过一段艰苦的经历，不愿意只享清福，经常跑到工房去帮助做事。

精湛独特的建筑工艺

芦塘棣萼楼的整体形制与一般闽南大厝大相径庭，亦有异于通常所说的番仔楼，倒有点儿像客家土楼，两层高的砖木结构楼房呈"口"字形布局，中央是一片颇为开阔的场地，地面均以花岗岩石条整齐铺砌而成。从外面看，方方正正，浑然一体。正门外的墙壁上清楚地记录了这栋楼当时的造价：历时三载，用工76.6万人次，耗资36.98万银圆。一楼正门上刻着"簪花""晋爵"四个字。据介绍，将整块题字的砖烧制后镶到墙面装饰屏上，这样的工艺当时非常少见。墙面上的装饰图形大多为金钱形，也有万字形和寿字形，显示出主人殷实的家境和对吉祥人生的寄望。

走入方正的院落，终于看清楼房的全貌。房子呈四合院布局，分为上下两层，天井四边共使用16根承重石柱。上下两层共有大小厅、房66间，每间厅房都有花岗岩石库门，门上刻着不同的房名。更特别的是，一般古民居是两厢一厅，这里却是三厢一厅。

大楼设有前廊和内环廊，廊沿用工字铁承重。前廊上装有百叶窗，用以遮挡风沙和太阳。内环廊的廊沿上设有雕花铁质钩栏，在当时，这算是很豪华的装饰。

正厅供奉祖先牌位，站在大厅前，一排双层月洞落地罩吸引了我们的视线，只见灰黑色的罩木上雕镂着精美的花草和龙纹。据了解，落地罩用的是进口红木，这样的双罩装饰在闽南民居中并不多见。大厅后部建有花岗岩双旋梯，从这里上楼，既隐蔽，又极富艺术性和实用性。四合院正中的天井空间宽敞明亮，房主告诉记者，每逢农事季节或有德高望重的老人做寿，就在这里临时搭建戏台唱戏，当初楼房在布局时已考虑看戏的需要，戏曲活动不仅是大家闲暇时的娱乐，也承担庆典、交际、融洽乡里关系的任务。铺地的长条形石板上至今留有当年用来搭建戏台的小凿孔，让人不禁想象当年锣鼓喧天、宾朋盈座的热闹景象。

由于在中华人民共和国成立初期，棣萼楼楼大人少，当年解放军战士就住在楼内，留下了一些标语；"文化大革命"期间，生产队将此楼用作开会场所，墙面上写有不少"文化大革命"期间的标语口号。当年，建楼时十分注重防盗设施，楼房配有双层防盗门，门边还开了枪眼，但这些设施早已荡然无存。二楼曾挂有一幅画，画中图案为金片拼贴而成，令人叹为观止，可惜被盗走了。

❧ 河图"天一"名洋楼 ❧

厦门民国初年的名楼天一楼又名"庆让堂"，落成于1921年，外观巍峨挺拔，气势不凡，精雕的花岗岩基座，红砖砌的墙体，堆塑的西洋花式窗楣，加之半圆形探出式的门庭及阳台，整幢天一楼展现出了一种精致的布局、结构、色彩和雕琢之美。

天一楼名字的由来有多种说法，在楼房的不远处有一座古宫庙，有人认为，这座古宫庙就是天一楼，因为所在地的小巷就叫作天一楼巷，古宫庙至今犹存，但为单层建筑，似乎与楼无关，而庆让堂则是名副其实的一栋洋楼，那它又为什么会被称为天一楼呢？据说这与天一楼主人的传奇身世有关。天一楼外形虽是西式洋楼，其建筑构思却含蕴了深邃的中国哲理。

天一楼有门楼、中庭、后楼三进及一列边楼，实有房间60间合一甲子之数，若将阳台、角亭、边台全部计算在内则有72间，是中国道家所说的"地煞之数"。楼体及内部装饰，博采西洋花式及中国吉祥图案，突出体现天人合一的中国哲学思想，尤其独具匠心的是，

· 天一楼外观 ·

楼下大厅的水泥天花板，竟浇铸成中国的九宫图。九宫图所要体现
的哲理内涵是源自中国古图
《河图洛书》中的"天一生水，
地六成之"，以及《周易本义》
中的"天本一而立，一为数源，
地配生六，成天地之数，合而
成性，天三地八，天七地二，
天五地十，天九地四，运五
行，先水次木，次土及金"。
天一楼的主人之所以如此费尽
心思地建筑此楼，而且把众多
古代哲理融进西洋建筑中，是
与他的身世和经营项目有关。

· 天一楼楼板的九宫图 ·

厦门自1843年被辟为五口通商口岸之后，同安石浔的吴姓族
人纷纷来厦门的码头打工。这年，同安石浔村因荒年，庄稼无收，

年方十三四岁的吴文渥、吴文褪兄弟，跟着族人来到厦门的码头谋生，几年之后，兄弟俩购置了一条小舢板，专为来往于厦门岛、鼓浪屿的客人摆渡。某天有位洋人雇了兄弟俩的船，洋人匆匆上岸之后忘记将一包行李带走，行李内有财物和许多证件。憨直的兄弟俩不再渡客，把船泊在岸边专等失主来寻，一直待到傍晚时分，仍未见到失主前来，这时兄弟俩突然发现，相邻码头上的人群里有个人像是那位洋人渡客，正在那儿悠转，兄弟俩把船拴住，上岸寻那洋人。原来那洋人匆忙上岸回到住处后发现丢了行李，返回码头寻找，但由于路不熟，竟找到相邻的码头去了。几经周折，洋人才找到摆渡的小孩，小孩也因此少跑了好几趟渡船，当然那天也就少了许多收入。

那洋人的重要财物失而复得自然高兴，但他更有感于这两位中国少年的诚实，原来这位洋人是英国亚细亚煤油公司中国商务代表，他正在筹设厦门分公司。洋人建议兄弟俩学习经商，答应让他俩进公司工作。不久之后，厦门亚细亚（地址在今鹭江道邮电大楼隔壁）开业，经营批发汽油、蜡烛、火柴等民生用品，这些商品在当时的厦门不仅畅销，而且利润可观。兄弟俩成了厦门亚细亚的职员，后来一路升至经理。后来那洋人又将渣华轮船公司交由兄弟俩代理，几年之后兄弟俩就发了家，因此决定在思明西路建造住宅。据说兄弟俩因经营的物品都隐有"火"，因此取"天一生水"水能制火、水能生财之意，将楼名定为"天一楼"。此中还有一段佳话：吴文渥、吴文褪兄弟双双创业，由赤贫而成巨富，天一楼落成之后，谁当屋主两人互相谦让，后来兄弟俩住一起，大哥居右，小弟居左，兄友弟恭，互为礼让，这就是"庆让堂"的来历。

❖ 楼顶鹦哥接紫气 ❖

在厦门民族路（旧时称"民生路"）靠近碧山路路口处，有一幢气势宏伟的别墅拔地而起，雄踞四周平屋之上。别墅楼顶塑有振翅欲飞的大鹦哥，人称"鹦哥楼"，乃华侨巨商谢画锦所建。目前，这栋楼的顶端装

·鹦哥楼老照片·

饰着一只"雄鹰"，大概是修复者把闽南人所称的"鹦哥"误解为雄鹰了。在西式建筑中，有用鹰来装饰楼房的，凸显鹰的凶猛之气，而闽南人所谓的鹦哥则是代表和平的美丽有灵性的鸟类，用此来装饰番仔楼，则是一种妙想，有平和喜庆之意。通过老照片可以看出，这栋楼楼顶上原来装饰的鹦哥和现在装饰的雄鹰是有所差别的。

谢画锦托友建名楼

肇建鹦哥楼的谢画锦原籍福建惠安，他远涉重洋，旅居越南西贡（今胡志明市），经营米厂，累年劳碌，苦心经营，虽然已在他乡成家立业，然而故土乡情，时萦梦中，岁月弥增，乡愁弥深，渐萌落叶归根之意。于是委托同乡好友骆玛稳，在厦门海滨选址兴建房产。

骆玛稳与谢画锦是惠安同乡，交谊甚笃，他少年时学习木匠，青年时期起到海外从事建筑行业。他对西洋建筑的各流派洞悉入微，

且能博采众家之长。受友人托付，已年过不惑、技艺纯青的骆玛稳，决意为友人设计出一幢经典的建筑，同时展现自己的才华。他汲取了众多西洋建筑的精华，几易草图，并取《孔子家语》"南风之薰兮，可以解吾民之愠兮"之意，与谢画锦定楼名为"南薰楼"。此间还有一段轶闻：谢画锦喜饲鹦哥，作为挚友的骆玛稳，由此激发了灵感，遂以鹦哥作为装饰大楼的吉祥物，点缀大楼。

20世纪30年代，骆玛稳特意从海外归来，鹦哥楼破土动工。施工、督建均由骆玛稳一手操持。四年后大楼甫落成，即在厦门岛上一举成名。这一幢在当时令人耳目一新的建筑杰作，其设计施工全是由闽南人完成，在某种意义上，它展示了国人建筑西式楼宇的杰出才能。鹦哥楼总标高约20米，正面罗马柱巧妙应用西洋图案的装饰已使整幢楼显得气势恢宏，

·鹦哥楼（刘心怡摄）·

而更令人称妙的是楼顶端巨大的展翅欲飞的泥塑鹦哥使大楼顿增生气，因此厦门人自然地称它为"鹦哥楼"，正式楼名"南薰楼"反而少有人理会了。

由于是闽南人设计，因此这幢洋楼里仍有许多闪烁中华文化光辉的地方：纯中式的窗楹上镶有"紫气东来"的镏金石匾，凉台上用水泥塑造了两只安乐椅，盛夏时在椅上乘凉，别具趣味，而更令

人叹为观止的是主体楼楼顶宽敞的天台，竟是一处绝妙的中西合璧的花园。一道斜梯，半壁雕饰，让人渐入佳境，楼顶假山、凉亭、花台、水池等一应俱全，而且整个布局高低错落、层次鲜明，让人不得不惊叹设计者的匠心独运和建造者的高超技艺。骆家后人说，小时候常到这屋顶花园玩耍，那时，凉亭上还挂着长长短短、大大小小的风铃，清风过处，叮叮当当响成一片，煞是清脆好听。我们登上假山上的凉亭，顿觉海天一色、神清气爽。鹦哥楼拔地而起，加上周围均为平矮的房屋，俨然鹤立鸡群。登高台、倚栏杆，不觉有飘然之感，前瞻青山如屏，鸿山美景尽收眼底，后俯碧海风清，落日归帆渔歌唱晚……除了有各种富丽堂皇的装饰，设计者还有明确的"居安思危"意识，在楼底的天井里特凿一口水井，可从楼顶直接向下取水，即使全楼封闭，用水仍可无忧。

• 鹦哥楼的屋顶花园 •

历沧桑老屋多故事

据骆家后人称，当年谢画锦的房产自鹦哥楼一直延伸到海边。据说谢氏本有意归居鹦哥楼，再于此附近安置店铺若干，因此地临海往来航运便利，南洋的生意也就可以红红火火地继续下去。正因为鹦哥楼的特殊地理位置，又是一个制高点，所以历来是"兵家必争之地"。据说当年日本军队、国民党军队都曾占据鹦哥楼，楼顶的花园多次遭受劫难，已毁坏不少，但遗存下来的部分，仍称得上是经典之作。

鹦哥楼是一幢历尽沧桑的名楼，大楼落成后谢画锦十分满意，特来厦门在大楼留影。但不久，日寇侵华，烽烟四起，谢氏将房屋全权交由骆玛稳打理，他返归桑梓颐养天年的心愿遂成泡影。房主一生未住进自己的别墅，这或许也算是鹦哥楼传奇之外的逸闻吧。

❧ 东安洋楼华侨情 ❧

东安洋楼位于厦门集美区最东北处的东安社区，就是古代板桥乡（现已废）所属的古村之一，是著名的侨乡。这里是陈嘉庚先生原配张宝果的故里，东安古村前的海边至今留有古码头遗迹和避风坞，这里的先民从家门口扬帆下南洋，演绎出许多感人的故事。而东安古村中一座美轮美奂的华侨洋楼的故事就从这古码头开始，笔者在实地采访中，挖掘出了一段感人肺腑的华侨创业史。

东安先民家门口扬帆下南洋

在采访前，当地的张先生建议我们先到滨海西大道，探访至今尚存的一个历史悠久的避风坞和古码头。

在道路边上，我们很快找到了一座绵延数百米的避风坞。避风坞外是滔滔的浔江，直通大海，避风坞内就是东安、后田等古渔村。当地老人告诉我们，历史上东安一带地少人多，村民靠种田、讨海勉强维生。一遇饥馑、战乱，便是民不聊生的局面。许多先民告别故土，暂别家小，从家门口乘上木帆船，从浔江边扬帆，过台湾、下南洋谋生，经过辛勤打拼，部分人成为富豪，衣锦还乡。如今的

• 东安村前的避风坞 •

避风坞，虽已不见当年樯桅林立的场面，但从坞内停靠着的船只，我们依然能够想象出当年这个小码头热闹的场面。

我们离开避风坞，走入村中，探寻当年番客的踪迹。三座气势恢宏的红色洋楼映入眼帘，洋楼上还用阿拉伯数字标明落成年份，它们分别建于1933年、1934年、1937年。当地村民告诉我们，这三座洋楼的主人分别叫张水曲、张文博、张利高，属于同一宗族的叔伯兄弟，都是远赴菲律宾经营布业的华侨。张利高曾在1950年，与马尼拉布业商家共同集资兴办中文学校，纪念二战时被日寇杀害的中国驻菲律宾总领事杨光泩。在张利高洋楼的边上，他的堂亲张水曲的洋楼，则有着一段更加传奇的故事。

在旧屋旁建起华丽洋楼

几幢洋楼中，建于1933年的菲律宾华侨张水曲家的三层洋楼最为精美，可以说是极尽当时闽南乃至东南亚的中西装饰艺术。

走进装饰华丽繁复的院门，抬头仰望，只见楼顶是"嘉庚瓦"铺就的西式斜屋面，山头装饰有灰塑的狮子、翔鹰、花卉及"1933"字样；墙体为闽南红砖密砌，砖上有砖雕；窗户的形态也各具艺术性，有百叶窗、菱形窗等样式；屋檐下的堆塑图案十分华丽，有《空城计》戏曲故事，有群仙骑瑞兽和各种奇花异兽，还有头戴大盖帽、腰插匣子枪的民国军人。该楼的建筑用材红砖、水泥、钢筋，都是从海路运到东安村的小码头，再靠人力肩挑手扛运到村里的。

· 东安洋楼群 ·

我们发现，洋楼石柱上刻有对联，已被泥土糊住，依稀辨出一楼石柱上的对联为"丝纶阁下文章静，花萼楼前雨露深"。上下联分别来自两首唐诗，上联一语双关，既点明了屋主经营布业致富的背景，又饱含对子孙读书上进的希冀。下联则用了唐玄宗兄弟建花萼相辉楼体现兄弟之情的典故，让人猜想屋主想必有段兄弟情深的故事。果然，张水曲的孙媳李惠卿老人热情地为我们讲述了在这幢洋楼背后，一段贫苦兄弟下南洋致富发家建洋房的精彩故事：

20世纪初，张水曲娶了16岁的集美新娘。当时张家很穷，住的老房子戴着斗笠就进不了屋，可见房屋十分低矮。因此，张水曲与弟弟张水群就下南洋打拼，以图过上好生活。后来，张水群一直在南洋辛勤经营布业，因经营得法，财运滚滚，兄弟俩觉得应回乡建房以慰家中老小。因此，哥哥张水曲于20世纪30年代初回到集美，用弟弟从南洋汇来的钱兴建房子。张水曲的母亲知道儿子终于能盖大房子了，十分激动。可惜，这时张母的眼睛已经瞎了，但她仍细心地监工，她每天都到工地，通过用手摸来检查石材是否平整。说到这，李惠卿老人带着笔者摸了摸用石材做的台阶，果然十分平整。张水曲为了不违拗母亲监工的热情，底层所有图案都是平面的，让母亲可以摸得出来，感觉出来，而在二楼以上才大量地装饰精美的雕塑。因此，这栋洋楼可谓别具特色，美轮美奂。为了不忘当年贫穷时，张家盖了洋楼之后，特地保留了发家前的老屋，以让子孙记得发家不易。

为子孙留下人文记忆

我们在这栋风华犹存的洋楼里浏览，有关专家指出，张水曲洋楼装饰之精美，可以媲美鼓浪屿那些有名的洋楼别墅。据说当年张家建房时，十分重视在楼体上融进

• 洋楼的底板也雕花 •

闽南文化，特请了许多当时的文化名人题字、撰联、绘画，可惜在"文化大革命"时为了免惹是非，洋楼上的一些绘画和题字用水泥或泥浆"封存"至今，不过我们还是在门楣上发现了一处书卷形的雕

刻，有些细小的文字没遭破坏。张家后人说，因为门楣上的这处雕刻太高，而且当时贴了标语，所以躲过了浩劫。我们细辨其中的文字，发现其录自韩愈的《送孟东野序》："维天之于时也亦然，择其善鸣者而假之鸣。是故以鸟鸣春，以雷鸣夏，以虫鸣秋，以风鸣冬。四时之相推敚，其必有不得其平者乎？"寓意十分深远。

我们发现，古村中还有不少形态各异的洋楼，每一栋楼都有一段华侨创业的故事。与张水曲同为菲律宾华侨的同族叔伯兄弟张文博、张利高，也效仿他相继于1934年、1937年在他的洋楼旁边盖了两幢洋楼，同样雕梁画栋，装饰华丽，三幢漂亮的洋楼鼎足而立，蔚为壮观。九十年过去了，张水曲洋楼在历经四代人后依然屹立如新，另两幢洋楼也基本保存完好。然而它们如今都面临如何得到妥善保护的问题，只有妥善地保护这些洋楼，才能够为子孙后代长久地留有这不可再生的人文印记和艺术财富，留下华侨辛苦创业的记忆载体，使这些洋楼作为东安侨乡的历史见证，为滨海西大道的景观带增色添辉。

第二节　文化自信　洋为我用

番仔楼的建筑既是中外文化交流的产物，又是闽南文化自信的一种体现。当番仔楼的建造者们吸收了外来的建筑形态，总觉得骨子里还是要有自家的东西，所以许多番仔楼仍然用闽南文化、中华文化来作为内在装饰。可以说，在那个特定的时代，番仔楼真正体现出了一种"洋为我用"的文化自信。

❧ 姚金策故居：传统为尊，西洋为用 ❧

著名侨乡晋江钱仓村有一座堪称闽南建筑奇葩的豪宅，是从鼓浪屿搬到晋江钱仓的。房子怎么能搬？又为何要搬？我们决定前往晋江一探究竟。一代晋江华侨和厦门的渊源及古民居的故事随着笔者采访的深入一一展示开来。

· 远眺姚金策故居之左右护龙 ·

乐于助人，成就大业

在前往晋江的路上，热心读者姚景胜先生向我们讲述了一代著名侨商姚金策的发家故事。姚金策的老家晋江钱仓，历史上田少人多，地瘠民贫。村里的族人相邀子弟到印度尼西亚一起创业，姚金策随之前往，到达侨居地。初到印度尼西亚，姚金策挑着担子走街串巷，靠买卖旧货维持生计。他虽然经常手头拮据，但稍有收益，便乐于助人。其中有户邻居是破落人家，一位老人晚景凄凉。他经常给老人送点粮食和日用品。有一回，老人叫住了他，对他说："孩子啊，多年来承蒙你照顾，我无以回报，就把祖上遗留下来的一件东西送给你吧。"
姚金策打开那小小的木盒子，只见里面是颗龙眼大的珍珠。他也不
知道这东西该值多少钱，当成是老人的一份心意揣在身边。

过了几年，有位农场主要廉价转让一片荒山，姚金策有些心动，
但刚踏上异国他乡的他哪里有钱来买山。他突然想起了揣在身边的
那颗珠子，便拿到珠宝店一亮，老板傻了眼，说这是罕见的特大珠
宝。他终于得到了一大笔钱，买下荒山，开发出了一大片椰子园，
加上同乡创业者的齐心协力，年轻的姚金策经过几年奋斗已是身家
百万。姚金策颇有眼光，看到厦门是与南洋经商交往的最佳口岸，
于是，他在厦门鼓浪屿买下一所住处，在厦门岛上开设了公司，同
时还萌生在鼓浪屿建造一座理想家园的愿望。

为建理想家园，多年潜心备料

20世纪20年代初，姚金策开始着手进行建造华屋的准备。鼓浪
屿是姚金策经商的周转地，而厦门又是通商口岸，去南洋的交通便
利，把房子盖在这里再好不过，于是他在鼓浪屿鹿礁路一带选好了
地块，开始进行建筑构件的雕刻和上乘建材的搜集。

姚金策的好友中不乏当时的文化名人，如"近代书圣"于右任、
厦门名士陈丹初、晋江名儒曾遒等。于右任先生得知姚金策建设理
想家园的计划时，便欣然地为他题字：新林二月孤舟还，水满清江
花满山。借问故园隐君子，时时来往在人间。而姚金策的另一位好
友，富有气节的菲律宾华侨陈丹初亦为其题字：门境俯清溪，茅檐
古木齐。红尘飞不到，时有水禽啼。曾遒作为前清举人，国学功底
甚好，为姚金策拟写了多副对联。前后十年，姚金策收集了众多的
文人字画，许多朋友也对其落叶归根纷纷表示支持，他把这些难得
的时代佳作镌刻在青石上、木雕上、红砖上，准备做整座华宅的建
筑装饰。

•闽南名士陈丹初诗赠姚金策• •于右任的书法镶嵌在姚金策故居的门庭上•

正当姚金策准备开工建造华屋的时候，1931年"九一八"事变爆发后，日寇经常骚扰沿海一带，姚金策以他多年的人生阅历判断日本侵华野心绝不止于东北，厦门作为一处军事要地，今后难免与日寇一战。于是他思前想后，决定把所有精心准备的建材运回老家——晋江永和钱仓，把这所已经着手建在鼓浪屿的房子搬回晋江。

见证了这一历史，今年82岁高龄的姚金策长孙姚嘉䂵先生告诉我们，当年要把建材从鼓浪屿搬回晋江钱仓可真不容易，因为钱仓一带没有码头，只得把鼓浪屿上的这些建材分成多批用帆船运到安海，然后再骡马驮运、肩挑人扛地转运到老家钱仓，所花的运费几乎是建材造价的一倍，但当时事业如日中天的姚金策，还是把这栋占地千余平方米，融合中外建筑艺术的、堪称闽南建筑奇葩的宅邸，成功且完美地建造出来。

历尽岁月沧桑，留下建筑奇葩

当我们在姚金策故居流连时，不由得陶醉于其多姿多彩的建筑艺术之中，为建筑中西合璧之完美而叫绝，为屋主的处处用心而感叹。

保存完好的姚金策故居，从布局上充分体现了"洋为中用，以中为尊"的思想。当地乡亲姚庆礼先生告诉我们，姚金策尽管在海外闯荡多年，吸纳了许多外来文化，但他骨子里是深爱中国传统文化的，因此，在布局上，他的中庭仍然是采用了闽南红砖古厝的样式，前有花台后有果园，中堂正厅中规中矩。于右任和陈丹初的书法就镶嵌在正中门庭上。中庭的左右两边则建起了高达三层的洋楼"护龙"。实际上就是两座洋楼拱卫传统的中堂，洋楼作为住宅常用，而中堂作为祭祀祖先、奉祀神灵和会客之用。在进门处，由名家题撰"孝勿辞劳，善莫望报，忠需见节，恩切谨记"，体现了姚金策的

• 洋楼拱卫中堂的格局 •

· 中式门庭 ·

为人处世及爱国爱乡的情怀。

　　左边护龙高耸着西式的亭子，门楼上却题有"历山传芳"，表示不忘本源，"历山"是姚姓的族号。尽管左边护龙的建筑是西式的，许多地方引进了外来的水磨花卉、塑花叠线等精湛的水泥工艺，但在墙面装饰上，姚金策却把闽南的红砖艺术在这处西式的护龙上表现得淋漓尽致，砖雕、切花、盘肠、万字等工艺应有尽有。右边的护龙楼体也是西式的，但在建筑装饰上却采用了拥有许多造型各异传统图案的漏窗，门额上分别镶嵌着"东壁图书""西园翰墨"的匾额。在西式建筑中，处处可见中华传统文化之美，阳台上则建起了中式的塔亭。随同我们采访的有关专家指出，姚金策故居的设计充分体现了闽南人文思想，海洋文化、中西文化在这个庞大的建筑中得到巧妙而完美的结合。假如这个建筑当年落在鼓浪屿上，它也会毫无愧色地成为独具特色的一枝奇葩。遗憾的是，因为整体建筑面积太大，我们的摄影设备只能分别拍出两座洋楼的形象，没有办法把整体建筑收入镜头。

❧ 黄世金故居：弘扬孝道文化 ❧

　　走在厦门思明南路中段，衣着光鲜亮丽的都市年轻人步履匆匆，一家家装修时髦的商店里顾客如潮，这些摩登的商店间有个巷子口，矗立着一栋历史风貌建筑和一座古牌坊。这处番仔楼建筑规模不大，却承载着厚重的人文。这座精工雕造的牌坊正中题有"大总统题褒'孝阙增光'"等字样，番仔楼有如此历史人物的题字，忍不住让人想要追问缘由。

　　中华城后面一带原有一条普佑街，这一带很早以前就聚居着黄姓族人，清末民初，黄氏家族出了几位经商有成就的人，其中黄世金就是近代厦门最有影响力的民族实业家之一。他投资、兴办了近代厦门最有影响的四个企业中的三个，即电灯电力公司、自来水公司和淘化大同公司。他曾经还担任过鸿麓小学、同文中学的董事长。牌坊后的洋楼就是黄世金故居，俗称黄氏老宅。虽然在旧城改造中黄氏老宅易地重建，但基本保留了原来的风貌。

· 拆迁前黄氏老宅的竹亭阳台（黄阿娜供图）·　　　　· 拆迁前黄氏老宅内景 ·

　　重建后的黄氏老宅进门处矗立的牌坊，却是货真价实的"古董"，是表彰黄氏先人建立的。它也是目前厦门岛内唯一一座完整的古牌坊，名曰"孝阙增光"。它的由来还要追溯到20世纪20年代，黄世金的父亲黄传昌是位远近闻名的孝子，在民国版《厦门市志》上还专门有一段关于黄传昌孝顺事迹的记载。

　　黄传昌生活在清末民初，这位大孝子出身清寒，是一个遗腹子，还没有出生的时候他父亲就去世了，母亲太过于悲伤导致眼睛瞎了。黄传昌从小就很懂事，而且很机敏，他放弃了自己的学业，照顾母亲的饮食起居。母亲看不见，黄传昌就给母亲讲故事，让母亲了解世事。结婚后，黄传昌每次出门回到家，第一个惦记的不是妻子，而是母亲。只要在家，黄传昌每天晚上都会陪着母亲，直到母亲熟睡才回自己的房间睡觉，数十年如一日。母亲去世后，黄传昌时常从梦中哭醒，呼喊着母亲的名字。

　　黄传昌的孝顺是天性使然，左邻右舍都知道他的孝行。民国初年，黄传昌孝道名声远播，民国总统黎元洪知道了，亲自题字"孝阙增光"，并且盖上了当时总统专用于褒奖的国玺"荣典之玺"。

　　黄传昌对儿子黄世金言传身教，要求他侍亲以孝，对国以忠，行事不悖道义。后来，事业有成的黄世金，也同样很孝顺他的父亲。他知道他父亲生前有想修个宗祠的心愿后，就努力挣钱，最后终于如愿依照其父亲的心愿建了黄氏宗祠，并捐资建了厦门有名的江夏堂。黄世金逐渐成长为厦门最有实力的民族工商业者之一，在大是大非之前，他有着明确的爱憎精神，五四运动时，他同情爱国学生，积极参与抵制日货；当他兴办厦门自来水公司时，兴建水库大坝，不让日方得标，而选用德国西门子公司，最终质量经受住了历史的考验，至今犹存。抗战时期，日本侵略者登陆厦门之后，立即分兵占领自来水公司和大坝，在商界中，有人劝他妥协，但他说中国人岂能忘记父辈的教诲，宁可得罪人，也要坚持道义。

　　黄氏老宅的洋楼建筑，融进了有民国总统黎元洪题字的牌坊，牌坊中的两副对联，一副是"江夏宗风千秋名不朽，中华褒典百行孝为先"，为当时福建督军李厚基所题，另一副是"荣问策名保世滋大，孝思锡类垂后无疆"，是当时厦门道尹陈培锟所题。这两副对联表达了黄氏家族的源流家声和儒家重"孝"的思想，至今仍有现实意义。

　　据了解，普佑街的黄家老宅在易地重建前，老屋以其华丽的内在融合了东西文化之美，它的外表装饰着欧式的花卉，庭内却有前清举人柯荣试大幅隶书装饰墙面；厅堂则融合了东西方艺术之美：中式的描金雕花屏风、比利时的玻璃、爪哇的花砖、欧式的壁炉……为了不让西洋建筑的风貌占尽风光，特别在阳台上用水泥建造出了几个中国味十足的竹亭作为阳台的顶罩，通过老照片还可以看出昔日的风采。

• 民国时期黄氏老宅中的婚礼合影（黄阿娜提供）•

　　黄世金虽然家资雄厚，但生活上却不奢侈，据其亲孙女黄阿娜女士说，黄世金平时生活俭朴。黄世金教导子女做中国人无论是富

· 如今黄氏老宅风采依旧 ·

裕或贫穷都要忠于祖国，他之所以倾力兴办厦门的民生工业，就是
为了不让列强抢占厦门这些民生企业的市场。

如今，黄氏老宅门庭前的古牌坊结合其番仔楼风貌建筑，以及
其孝道文化价值和民居建筑的文化内涵，已成为一种具有历史意义
的文化印迹。

❧ "亦爱我庐"系乡情 ❧

厦门岛内的塘边社堪称是一个荟萃华侨文化的村庄，笔者特地
选择这个村庄挖掘村中番仔楼的文化和华侨的人文风采，并选择其
中的四栋进行探索。

　　塘边社257号，是一栋两层式的小洋楼，这栋小洋楼的柱面、窗棂都用白色的灰泥塑，雕满了精美的图案，因此当地的居民都把它称为"白楼"。

　　进入塘边社错综复杂的巷道中，白楼因其外墙为白色，在小巷中尤为醒目，因此很快就找到了。主人在建造白楼的时候，加入了不少西方的建筑元素。白楼的外墙灰泥塑雕刻成的各式各样的花卉，透露着西洋雕塑的风格。可以想象得出白楼在100年前的一个乡村里显得多么的时尚，即使在今天看来，也觉得韵味隽永。站在白楼的檐下，抬头仰望，莲花形的灯钩高高地悬挂在天花板上。熟知本村文化历史的林静灿先生说，建白楼的时候，还是清朝的宣统年间，落成时是民国元年（1912），那时候厦门根本没有电灯，都是用煤油灯，最时尚的是从西洋传进来的一种"磅灯"（汽灯的一种），那时只有富裕人家才能用得上这种照明用具。天花板上面的装置就是用来挂"磅灯"的。

　　随着视线的移动，可以看到一块雕刻着"亦爱我庐"四个大字的匾额悬挂在大门的正上方。林静灿先生告诉我们，白楼的主人名叫林德栽，他出生在清朝末年，由于家庭贫苦，才十来岁就随着本村的族人到南洋当学徒。由于他生性质朴，十分勤谨，在南洋被一个老华侨收在门下，教他读书，教他做生意，后来他在南洋商界脱

颖而出，几年间，他把生意做得红红火火，积攒了许多钱财，20岁那年回来建造了白楼。林德栽深知贫穷人家要有片瓦遮身多么不容易，所以白楼落成之际，他请了当时的文化名人题写了"亦爱我庐"这个匾额。林德栽深知读书的重要性，因此他聘请了当时的名画家在白楼中堂的屏风上画了一幅巨大的教子图。据林家的后人说，白楼建成后，林德栽在白楼里结婚生子，后来又去南洋了。他的儿子名叫林稳信，现在白楼已传到了林稳信的儿孙一代了。

"教五子"木屏风画

白楼里的屏风画，长约四米，高约三米，堪称厦门古屋中最大的屏风画，画两旁的木柱上篆刻着"先世传家惟忠兴孝，后人缵绪能俭克勤"的对联。"教五子"三个字题写在画的左上角，点明了画的内容。"教五子"的说法来自《三字经》中的"窦燕山，有义方。教五子，名俱扬"。它讲述的是窦燕山聘请名儒做儿子的老师，后来五个儿子先后登科及第、入仕为官的故事，也是对窦燕山教育子女经验的总结。

但是，白楼中的"教五子"图，其含义则与窦燕山教五子的内容有别，蕴含了一代华侨的情感和文化。据说，白楼落成之际，林德栽特聘请了一位前清的老画师到家中作画，和他一起构思画面内容，林德栽希望后代能理解先辈在海外创业的艰辛。老画家果然不负所望，在画作中体现了林德栽的这一用意，画面中一名夫子坐在案前正在指导五个孩子如何学习知识，案下的五个孩子各自拿着一本书，有

•"教五子"木屏风画•

的在聆听夫子的教诲，有的在阅读手中的书籍，有的坐在一旁与他人讨论问题。五个孩子表情各异，神态生动，有的正在寻思，蹙眉而立，有的如有所理解，显得豁然开朗，有的欣喜顽皮，有的静听教诲，栩栩如生的画面令人赞叹，足见当年画师功力不凡。这幅巨画，虽经百年，画面仍十分完整，颜色也十分鲜艳，最可贵的是画面上留下了许多文字，其中有位较大的孩子也许是五子中的长兄，他手中所持的书本不是《三字经》，也不是《论语》《孟子》之类，而是一封父亲写给他的书信，这封家书是这样写的：

"父在外寄子：尔父在家无生活计，不得以远游外乡以求财力，因命运不戾无积蓄，空爱束手，然无奈，暂留所望，望妻儿在家为人规矩，节俭治家，儿顺尔母，则父无内顾之忧。在外经营，稍得如意，当速回归，儿不需介意。"

林静灿先生告诉我们，那个年代，塘边村的许多乡亲为生活所迫，远离家门下南洋以求生计，希望家中妻儿可以生活得比较顺畅。白楼的屋主也是当年下南洋较有成就的乡亲之一。

虽然白楼如今已显得残破，但当年的屋主林德栽却为我们留下了一幅弥足珍贵的巨幅木屏风画，为我们讲述了那个年代华侨下南洋讨生活的艰难，白楼和这幅巨幅木屏风画更成了难得的华侨文化史料，木屏风的画面至今仍具有非凡的震撼力和感染力，让我们看到了那时画师的高超技艺。

❧ "珠光剑气"一栋楼 ❧

极具民俗神韵的红砖楼总能唤起我们的悠悠情怀，而带着古典风情的西式洋楼则能激发出我们的异国遐想。置身塘边"珠光剑气"的红楼，真有点"只缘身在此山中"的感觉。

厦门塘边红楼的故事，与一位华侨紧密联系在一起。这座堪称中西合璧经典建筑的红砖楼，让我们在"中式"与"西化"巧妙的融合中驰骋流连。

传奇番客林在华

红楼位于塘边社208号，建于民国四年（1915）。现存的红楼占地1000多平方米，为西式洋楼构造，但装潢雕饰又带有闽南地方特色，民间亦称之为"番仔楼"。红楼的建造者为厦门人林在华，他以弄潮儿的性格和爱拼敢赢的信念，造就了这一栋有着"珠光剑气"的乡中名楼。

清朝年间，塘边村依托邻近港口的方便，村民们纷纷怀揣着到南洋创建家业的梦想扬帆出海。到了清朝末年，国内常遭列强侵夺，又逢年成不好，而在这时，前期下南洋者却多有所成就，汇资回乡建房买地，因此，更激发了村民下南洋的意愿。只读过几年私塾的林在华就在这个时候和一些同族的兄弟约好，定好船期准备一起出发，在准备出发时，林在华突发眼疾，无法出行，不料却因祸得福。那艘林在华原本要坐的船行到海中时，因为有人在船上抽烟，致使意外失火，林在华的同伴中有个人裹住棉被，冲出失火的船跳入海中，被其他要回唐山的船只救起。回来之后，他把这一意外告知了林在华，林在华逃过此劫，但并没有因此退缩，他仍然下定决心，在眼疾治好之后，还是要前往南洋闯荡一番，临出发时发愿："临难不死，他日起大厝。"到南洋之后，贫苦出身的林在华非常勤奋，开始时，他在橡胶园当一名工人，后来当局允许华人自己开荒种植橡胶，农民出身的他，种植起橡胶来得心应手，终于，林在华赚到了第一桶金，后来他又兼做其他生意，生活日渐富足。

林静灿先生向我们介绍，林在华的生平十分传奇，除了大难不死之外，他还有一次意外的收获一直被乡亲们津津乐道。当时，林在华还有经营一些厦门当地的土特产，如塘边的红糖。有一次，他在与外国人谈生意的过程中，双方正胶着于红糖的收购价，此时，林在华突然觉得腹痛难忍，于是赶忙直奔厕所，这一突发举动让外

国商人顿时不知所措，误以为是林在华不满意他们提出的价格，准
备放弃这笔买卖，于是情急之下立刻与他的手下达成协议，同意了
他提出的价格。等林在华从厕所回来，才得知生意已谈成，用他自
己后来对亲朋说的话说就是"大赚一笔"。听到这个故事我们都忍俊
不禁，没想到屋主的运气这样好，不仅大难不死，还有意外的收入。
经过十几年的奋斗，林在华有了成果，他把积攒的财富带回家乡，
建起了这栋洋楼。

急公好义是本色

据说，林在华刚回乡时，正逢改朝换代，辛亥革命成功，清朝
政府倒台，而这时家乡却是哀鸿遍野，民不聊生，他慷慨解囊，救
济灾民，因此，当时的政府褒扬他的义行，颁发"急公好义"的匾
额给他。这块匾额在他建房时，镌刻成石匾，镶嵌在大厅的门上。

· "急公好义"匾额与林在华题写的"珠光剑气"牌匾 ·

我们刚踏进门，就看到了门庭上这块巨大的"急公好义"匾额，
据同行的林静灿先生介绍，这块匾额是民国初年的政府颁发的，除

此还授予他一个荣誉性的官职。尽管只是一种荣誉称号，但还是得到人们的赏识。林在华衣锦还乡时虽然已经改朝换代，但民国初年的政府对于他对公益事业的贡献仍沿用了清朝的褒奖方式，没想到这一特殊历史时期的历史印记，就在这栋楼里保留下来了，在今天看来，不仅有趣，更有一种引证历史的意义。

在"急公好义"石匾的下方，还有一块牌匾上书"珠光剑气"，据说，是由林在华本人题写的，四个字写得大气磅礴，看来农民出身的林在华，到南洋之后不仅在财富上有了成就，在文化上也进步了不少，字里行间看得出主人豪放的性情。

这座红楼在建筑手法上有不少亮点，尤为值得一提的是，红楼的进门处建了一栋枪楼，枪楼不高，只有两层，但作用却不小。据村里的老人说，当时红楼的前面是田野或矮房，登上两层高的枪楼就可眺望周边的一切，它的功能主要就是防止土匪前来抢掠，同时，它还是本村的更楼，夜晚的时候，这座楼通过一种敲击声来告诉人们大概的时辰。

红楼的红砖柱可谓别具匠心，因为柱子是圆柱形的，而一般的砖是长方体的，要砌成圆柱形不太可能，因此，林在华在建楼时，专门烧造了砌造圆柱的弧形砖。经过百年风雨，我们看到数十根的圆柱仍十分完好，而这种均由特制的弧形雁字红砖砌成的圆柱，在其他古建筑中也是极其少见的。

红楼里，宽敞的厅室似乎还在诉说着昔日的辉煌，虽然里面有些零乱，但仍可以想象出当初它的精致，大厅内有通向二楼的楼梯，不似以往古民居一般将楼梯建在转角处，而是面朝大门，建得也十分大气美观，非但不会令人觉得有些突兀，反而彰显出了红楼独有的特色。

或许是这些奇特的经历造就了林在华特有的豪放性格，抑或是他自身的性格使然才导致了这样的经历发生，林在华还有一点让乡亲们称道的就是他那狂放不羁的性格。民国初期，人们的思想并没有真正地开放，在当时那个年代建这座"番仔楼"已经出乎大多数人的意料，林在华虽为清朝遗民，但不为封建礼教所羁，又接着做出了些在当时可谓惊骇世俗的举动。这位前清的遗老在正房门楣上分别题刻"爱月"和"惜花"，两间正房相对着，带着西式的风格，却又有中国传统文人的意境。就在我们正要出厅室时，林静灿神秘

·题刻着"爱月""惜花"的门楣·

地把我们引到一个小门前，说里面大有乾坤。别看这个小房间不起眼，进去后墙壁上精美的雕刻使我们惊奇不已，同行的老师欣喜地向我们介绍道：这是交趾陶，是一种低温多彩釉的陶作技艺，融合捏塑、绘画、烧陶三项专业技艺。这种特殊的技艺，盛行于广东、福建一带，后传入台湾，它能生动形象地传达画面信息，制作起来要花费一番工夫。眼前的这幅交趾陶雕刻十分精美，色泽十分饱满均匀，动物形象刻画得栩栩如生，活灵活现，更难得的是保留得也很完整，具有极高的观赏价值和研究价值。

从红楼出来后，现代水泥丛林——一栋栋摩天大楼立马映入眼

帘，这怎么能不令我们对古民居回味深远呢？

· 交趾陶装饰洋楼 ·

"屏山小筑"：行行重行行

"相去日已远，衣带日已缓；浮云蔽白日，游子不顾返。思君令人老，岁月忽已晚。弃捐勿复道，努力加餐饭！"这首在东汉末年动荡岁月中的相思乱离之歌《行行重行行》正娓娓地道出眼前这座华美古厝女主人的心声。尽管这首古诗流传过程中遗失了作者的名字，但情真意切的语句，使人读之悲从中来，反复低回，正如女主人宝治，人们也已然忘掉了她的姓氏，但记住了她对全村人的贡献。宝治的丈夫，建完黑楼之后又下南洋，但最终也没再回到唐山，宝治独守古宅数十载，见证这段凄美爱情的是坐落于塘边社199号的古厝，当地人称之为"黑楼"。同行的林静灿先生向我们介绍，黑楼建于民国初期，是塘边村具有特色的一栋中西合璧的古厝，其风格与白楼有些类似，但又有自己的独特之处。在当地村民的眼里，黑楼就是在那久远年代的一段传奇，无须争辩究竟是巧夺天工的建筑构造更胜一筹，还是忠心耿耿的爱情更打动人心，总之，这座古宅已经成为村里的标志性建筑，铭刻在村民们的记忆中。

• 如今略显破败的黑楼 •

动荡岁月里，不平凡的华侨婶

一进门，林先生便把我们领到左侧观赏一幅精雕细琢的灰泥塑画，让我们揣度画面的含义。

这幅灰泥塑画的画面保存得十分完整，色彩饱满而且至今仍有光泽，上面雕刻着一株荷花，一个花瓶，还有一对戏水的鸳鸯。几个意象叠加起来，应该是取其谐音，有"合家平安""天作之合、白头偕老"之意。林先生说，这幅灰泥塑画是当时厦门一位名家的作品，画面显得十分有立体感，并且生动传神，而耐人寻味的是，主人寄托在画作里面的愿望却始终没有实现。原来，宝治的丈夫姓林，下南洋之后赚了钱回来，建起了这栋楼房，之后便娶了宝治，本想两人厮守在这栋楼房中，一起白头偕老，但那时候天下并不太平，连年的灾害和军阀的混战以及土匪的骚扰，都殃及了百姓，在那个年代，他们的生活并不安定。因此，宝治的丈夫决定再下南洋讨生活，宝治也跟随丈夫到了南洋，但是由于水土不服，宝治在南洋罹患疾病，无奈只得返乡，没想到她返乡之后就再也没能和丈夫相聚。据说，宝治回来之后的头几年里，在南洋的丈夫还时常寄来"侨批"，宝治基本上还可以衣食无忧；不过，过了一段时间，局势变化，侨批断了，很长一段时间与海外音书难通……

宝治是一个不凡的女子，她知书达理，懂得医术，尤其擅长接生，没想到这位"华侨婶"后半生很长的一段时间里，就是以接生来进行营生的。接生并不是一件轻松的事，通常，许多婴儿都是在三更半夜或凌晨时出生，因此，每逢三更半夜有人到宝治家叫门，不管是雨天还是暑热时，她都轻快地拎起药包赶往产妇家接生，而且基本上做到母子平安。这除了她的医术高明之外，还有一个原因就是她凭借海外的关系，能配合使用一些较有疗效的进口药，所以，村里的人很信任她。据说，宝治很长寿，一直活到中华人民共和国成立后，直到她已经很老了，村里的人还有请她接生的。在塘边村，经她接生的不下百十人，难怪有人把她称为"生命天使"，这在那段特殊的历史时期里，确实是很难得的。

黑楼依旧在，被遗忘的一段史

从外观上看，黑楼建得十分洋气，虽然经历了百年风雨的洗刷显得有一些破败，但从其大气的门庭仍能看出昔日的气派。进门的门楣上刻着"屏山小筑"，左边落款署名"冰如"，据说冰如是民国初年的一位才女，题书的时间是"癸丑仲冬"。林静灿先生向我们介绍，黑楼的原名就是"屏山小筑"，如此雅致的名字为什么弃而不用呢？原来，古时村民更喜欢用建筑的外形来作其俗称，这样，既通俗易懂又生动形象，这一习惯就沿袭下来了。之所以被称为"黑楼"，就在于其在建造时采用了一种特制的泥土，可能是泥土拌着沙石及其他一些特制的材料做成的，因此房屋的墙面看起来是灰黑色的。果然，我们绕着房屋走了一圈，墙壁都是少见的灰黑色，虽然说不上是什么材料，但从房屋整体的状况上看，其稳固性能在塘边的几座古厝中还是十分突出的。但见里屋和前厅的过道之间设了道木门，可见屋主加强了门户的防卫。在二楼的阳台上，许多特制的"花池"和阳台的台柱构成一体，可以想见女主人的雅致，可惜的是这些花池现在只生了一些杂草，并没有人打理。有两扇门保持了建筑初期的样子，两扇门上分别用毛笔写着"国恩""家庆"，据说，这是宝治的丈夫题的字，可以看出当时身在海外的主人，对于国家的惦念，对于家乡的向往，蕴含了深深的游子情。进了里屋，我们被墙壁的

·历尽沧桑的楼匾·

堆砌方式吸引住了，墙壁上下等分为两截，上边为泥土本身的灰白色，下边用的则是红色的砖。林静灿先生向我们解释道，这是当时闽南地区特有的"半厅红"装潢，即房间内只有下半部的墙用红砖，这样看上去就只有半边是红色的，所以生动地称其为"半厅红"，从这也可以看出当时闽南地区的建筑风格。

走出里屋后，强烈的光线让我们有些不太适应，因为屋里的光线很昏暗。现在楼房已经出租，屋内景象显得有些杂乱，本应被好好保护起来的古宅，在经历了百年孤独后，还要面对尴尬的处境，实在让人有些惋惜。

管窥篇

一花一世界，一房映大千

闽南民居建筑作为一种文化载体，它不仅能够供人们欣赏、体验，更能够传递深远、深厚的文化信息。本书在揭秘篇和体验篇中初步探索了闽南民居的真实意蕴，它所涵盖的内在足以用"一房映大千"来形容。因此，本章选择性地对个别闽南民居建筑进行深入的课题研究和细致的剖析，使读者从中可以了解闽南民居特殊的历史印迹。此外，古代民居建筑还须面对一个现实的问题：它们能否和当代生活相融，那些盛世的风韵可否成为当代生活可碰触使用的空间，这一切都还在求索之中。

继往开来尚求索

第一节　堡寨深深　遥通国史

　　闽南民居与居住于其中的民众、修建的大时代背景密切相关，建筑无言伫立百年，古厝无声却有力地以其独有的风貌诉说家族历史。本节以历史研究的视角具体展开，在闽南民居建筑中，堡寨这一具有军事防御作用的民居展示了人们在历史变革中，保护家族成员的生命，抗击盗匪的侵略，以求来日发展的精神。赵家堡就是生动的一例，战乱中，修筑堡寨以自保，在理想与现实之间，找到了一席之地。在当代，笔者走进其中雅致的园林空间，眼前所见的正是遥望故乡、追忆祖先的侠骨柔情。

❖赵氏家族　筑堡为璧❖

　　赵家堡位于漳州市漳浦县湖西乡硕高山麓，居住于其中的家族是自称为赵宋皇室后裔的赵氏家族。漳浦赵氏家族的始迁祖名为赵若和，《漳浦县志》与赵若和于赵氏族谱内所书的谱序里都记载了其与赵宋皇室之间的关系，以及其迁徙至漳浦的过程："赵若和，宋太祖弟魏王匡美九世孙宣亭侯时晞子也……退受闽冲郡王。随少帝入粤，少帝溺海，同黄侍臣、许达通等以十六舟夺港而出"[①]；"……遇陈宜中在广崖之浅澳大会，欲往福州，以图匡复王室。船到广东南澳之七十余里，飑风大作，宜中船破，遂登合浦，予冒至浯屿之东，船亦失其杠具，就于浦西登岸，后徙鸿儒积美居焉"[②]。

_____

①　光绪《漳浦县志》卷 16《侨寓》，第 331 页。
②　《漳浦赵家堡赵氏玉牒》，陈支平主编《闽台族谱汇刊》（第三册），广西师范大学出版社，2009 年。

　　赵若和在经历宋元崖门海战后，行船至广东南澳，因飓风这一偶然因素而于漳浦上岸，自此定居于漳浦积美乡。据说当时漳浦有一豪民，自称赵氏皇裔，揭竿称王，元朝官府于是悬赏金通缉此人①，前朝皇室后裔的身份使赵氏家族在元代的生存遭受威胁，因此赵若和改为黄姓，他对于国破家亡而不得不更名改姓一事的情感十分复杂，正如其在谱序中所言："天之降祸世有胡元，予自逃生，讳姓黄氏……造置产业，以度时光，终身抱恨，未当开口对人言。"②

· 赵家堡堡门 ·

　　讳姓黄氏是赵若和家族在元代的生存方式，直至明初该家族才恢复赵姓："明洪武十八年，御史朱鉴阅谱牒，奏请复姓，恩禄明官为鸿胪序班，文官为宜伦主簿。"③赵若和之孙赵明官、赵文官也因复

　　①高聿占：《宋城稗史》，黄以洁编《赵家堡》，厦门大学出版社，1992年，第22页。
　　②《漳浦赵家堡赵氏玉牒》，陈支平主编《闽台族谱汇刊》（第三册），广西师范大学出版社，2009年。
　　③光绪《漳浦县志》卷16《侨寓》，第331页。

姓一事而得以为官，赵氏家族在明初一改元朝近百年间隐姓埋名的生活，以赵氏皇族后裔的身份续存。至赵若和子孙赵范、赵义父子所生活的隆庆、万历年间，赵氏家族家道中兴，族人科举中第、入仕为官，而后举族由积美乡迁移至湖西硕高山附近，赵家堡的兴建亦于此时。

赵范其人在《漳浦县志》内的传记如下："赵范，字范之，其先故宋宗室也。隆庆五年登进士，守无为州，置学田以赡贫士，调磁州，有岐麦芝草之瑞。升户部郎，督饷雁门有功，御赐金绮，擢温处道，捐宦中橐以资民水利……"① 此外，赵范作为无为州守时，将欺隐田产充为学田，重修学制，增修先师殿、天香阁，为当地神灵信仰向朝廷请求赐额；② 其调任磁州时，政绩优异，处理政务宽和，裁减当地赋役以缓解百姓困苦，置办学田，极得民心，升为户部员外郎；③ 万历七年（1579），其父赵叔宽因子赵范而得以诰赠奉直大夫磁州知州，后加赠户部四川员外郎。④ 除在朝为官的优良政绩外，赵范亦有对本乡人民的善行——据《官岭保障碑记》："昭代有宪副鸿台公者，绎巍甲历仕为名宦，居乡捐贰佰金筑梅月城，为漳海保障。"⑤ 赵范曾捐金给黄氏族人，资助其建造梅月城。赵范之子赵义，字公瑞，号辑侯，万历癸卯年（1603）以诗经入郡庠；万历甲寅年（1614）侯口例授入南京国子监，任职中书舍人，居乡里时"好行其德、保障同井"，"行且津津、乐施勿卷"；"戊辰（1628）岁，海寇登陆杀掠濒海，辑侯慨然散栗，纠义旗，破贼官岭，筑京观，里间籍以安抚"。⑥ 自赵若和至赵范、赵义父子，赵家堡的建立为赵

---

① 康熙《漳浦县志》卷 12《缙绅》，第 1108 页。
② 乾隆《无为州志》卷 8《学校》，第 444—446 页。
③ 万历《彰德府续志》卷上《官师志》，第 102 页。
④ 康熙《漳浦县志》卷 13《封爵》，第 956 页。
⑤《官岭保障碑记》，转引自孙晶：《漳浦赵家堡聚落历史研究》，硕士学位论文，华侨大学，2013 年，第 58 页。
⑥ 转引自孙晶：《漳浦赵家堡聚落历史研究》，硕士学位论文，华侨大学，2013 年，第 58 页。

• 赵家堡内（黄诗怡摄）•

氏家族提供栖身一隅，使其更为从容地面对寇乱与盗患，以维系家族生存繁衍。

赵家堡作为家堡合一式的土堡，根据其结构与建筑时间可分为内城与外城，前者主要在赵范的倡导下建成，后者则由赵义根据现实需要扩建而成。堡内现存的两座碑记反映了赵家堡的建造过程，分别为《硕高筑堡记》（半损毁）与《筑堡碑记》。

《硕高筑堡记》作于万历癸丑年（1613），赵范在碑记内说明了其将家族迁徙至湖西硕高山的原因："余祖宋闽冲郡王，南渡后从少帝航海入广崖，避之晦居积美，滨海苦盗患。余筮仕，赋性疏拙，素有躯山林僻。比家归，遭剧寇凌侮，决意卜庐入山，屡经此地，熟目诸山谷盘密，不器冲途，不逼海寇，不难城市纷华，可以逸老课子，田土腴沃，树木蕃茂，即难岁，薪米恒裕，可以聚族蓄众。"他首先提到家族原在地积美乡因滨海而有海盗之患，而促使其进行举族迁徙的导火线则在于他致仕归家后遭遇盗寇凌侮的经历，因此，

205

•赵范《硕高筑堡记》碑刻（黄诗怡摄）•   •赵义《筑堡碑记》碑刻（黄诗怡摄）•

在其素有"归隐山林"的理想及防御盗寇的现实需求下，他决定举族迁徙。而之所以选择湖西硕高山作为迁徙地点，是因为此地处于山谷地带，田土肥沃，远离海寇活跃的区域，即便身处困难的年月，其地产出丰富，足以养活众族人。

在从积美迁徙至湖西的过程中，赵氏族人的生计模式也由农业与渔业并重到以农业为主。在湖西硕高山建楼筑堡，耗费了数十年的时间："楼建于万历庚子之冬，堡建于甲辰之夏，既诸宅舍，次第经营就绪，拮据垂二十年。"由此可知，内城中具有军事防御作用的碉堡式建筑——完璧楼建成于万历庚子年（1600）冬，内城的城墙等令内城具有"堡"的形式的相关建筑、构造等则在万历甲辰年（1604）夏建成，而其中用于生活居住的宅舍则在20年间相继建成。将宅舍建造所耗费的20年时间与碑记写成的时间相结合，可以推断出赵家堡的营建大致始于1593年（万历二十一年）前后。赵家堡内城的营建顺序为楼、堡、宅舍，将具有防御盗寇作用的"完璧楼"放在优先建造的地位，可见倭寇之患的严重性与建堡筑城这一现实需求的必要性。同时，"完璧楼"之名含有深意，也就是完璧归赵之意。

赵义于万历四十七年（1619）正月，向漳州府漳浦县官府申请扩建外城，《筑堡碑记》记载了漳浦县对赵义要求筑堡的批文："漳州府漳浦县为恳给示，修堡捍卫，造福一方事，本年正月初七日蒙带管分守漳南道詹批，据本县十七都积美社赵义呈称，近蒙示许乡社择便筑堡，以防不虞，以固民生。念义父赵范从浙宪归休后，卜迁官塘地方，僻伏山中，自买地土，备工围筑土堡。经前任分守道高呈咐，外计墙门二百余丈，仅容数舍，聊防窃盗。去年风雨漂塌，近时警报彷徨，堡外四民村居星散，诚恐变生叵测，守御无所。义议照旧堡开扩地址，更砌石基，增设马路女墙，平居则守望相助，遇急则身家各捧，有备无患，有基无坏，事关地方，具呈恳乞恩准，给示执照，以便兴筑等情。蒙批仰漳浦县查议速报。蒙署县理刑馆萧看得倭情叵测，桑土宜周。矧值承平日久，土堡

•赵家堡完璧楼（黄诗怡摄）•　　　　•赵家堡完璧楼内部（黄诗怡摄）•

颓坏，倘遇警息，其何赖焉。今赵义所呈给示修堡防守，为身家虑，非喜事也，似应俯从，具由申详本道，蒙批准给示修造此徽，蒙此合就给示晓喻为此示仰原呈赵义知悉，即将本堡自备工料，协力砌筑坚固，须示。"

由批文可见，赵义申请扩建外城首先基于其父赵范所建的内城范围过小，无法容纳足够的屋舍以供族人居住，使得族人不得不将宅舍建于堡外，而其时贼情警报往来频繁，村居星散的现状不便于防御盗寇，且此前修筑屋舍在恶劣的风雨天气下，坍塌情况严重，修筑与扩建则更显必要。赵义扩建外城的具体计划为：依照旧堡范围，增加用地面积，将建筑材料更换为更为坚固的石料，并增设马路、女墙等能够增强城堡军事防御能力的建筑构造。扩建之后，族人在日常生活中可守望相助，遇有紧急贼情时亦有备无患。漳浦县官府在批文中对其修筑堡寨的行为予以肯定，回应倭寇情况难测和土堡颓坏的现状，认为赵义修堡防守"为身家虑非，喜事也，凝应俯从"。可见，此时民间修筑堡寨不仅能够获得地方政府的允许，还能够受到其嘉奖与保护。批文中亦反映，不论是赵范还是赵义修筑堡寨，其经费、工料都是自备的，地方政府并未在此予以支持，正是家道中兴的背景为赵家堡的建立提供了必要的经济基础。

❧ 堡寨建筑　宜居宜守 ❧

赵家堡修建于明朝后期，属于民间修筑的堡寨。福建地区在元末明初之前，大多县城、府城并无城墙，明朝初年，在明太祖朱元璋"高筑墙"的政策指引下，沿海县城、卫所城为防御倭寇纷纷筑起城墙，根据徐泓在《明代福建的筑城运动》一文中的统计，明初为加强海防，福建一共创筑1座县城、5座卫城、13座千户所城和37

座巡检司城。① 该时期筑城行为多为朝廷之举，此举在明朝中后期，则为倭寇海盗集团建立堡寨以进行割据、民间修筑堡寨以自卫防守提供某种程度上的借鉴。

明中叶以后，随着商品经济发展与全球范围内"大航海时代"的到来，以中国东南区域为核心的海上贸易活动得以开展。福建本有"八山一水一分田"之说，开展传统农业的地理条件较差，加之上述经济与贸易背景的影响，当地社会经济结构松动并由传统农业往贸易经商方向靠拢，而在明朝严厉的"海禁"政策之下，贸易活动往往以走私方式进行，由此而带来的社会风气以浮躁和投机心理为主。海澄县为贸易活动的主要地区——月港的所在区域，随着贸易的展开，人们暴发致富与破产倾覆的概率大大提升，二者之间的转换也极具不稳定性，《海澄县志》中对当时的社会风气进行了以下描述："巨贾竞鹜争驰，真是繁华地界。然事杂易淆，物膻多觊。酿隙构戾，职此之由。以舶主中上之产，转盼逢辰，容致巨万；顾微遭倾覆，破产随之，亦循环之数矣。成弘之际，称小苏杭者，非月港乎？嘉靖云扰赤白之丸，乘倭而张，负嵎建垒，几同戎穴，良民莫必其命。"② 在这种社会风气的影响之下，福建沿海商人往往呈现出亦商亦盗的行为模式。位于闽粤交界处、邻近漳浦县的诏安县，有梅林村一例如下："此村有林、田、傅三大姓，共一千余家。男不耕作，而食必粱肉；女不蚕桑，而衣皆锦绮。莫非自通番接济，为盗行劫中得之，历年官府竟莫之奈何。"③ 梅林村全村人都有着"通倭""海盗"的行为，"亦商亦盗"这种生存模式作用范围涵盖至整个村庄，可见求富、投机的浮躁风气影响之大，社会不安定因素亦

① 徐泓：《明代福建的筑城运动》，台湾《暨大学报》1999 年第 1 期。

② 〔明〕梁兆阳：《海澄县志》卷一一《风土志》，崇祯六年刻本，中国科学院图书馆选编《稀见中国地方志汇刊》第 33 册，中国书店，1992 年，第 547 页。

③ 〔明〕俞大猷：《正气堂全集》卷二《呈福建军门秋厓朱公揭条议汀漳山海事宜》，福建人民出版社，2007 年，第 91 页。

由此而生。商品经济的发展一方面为身处农业较为不发达地区的福建人民带来生计模式上的改善，但另一方面其对社会风气的不良影响和造成居民生计上的不稳定性，则提升了福建人民为盗的可能性，山贼、海盗、倭寇祸患渐趋严重。赵氏族人在致仕族人赵范的带领下，从位于滨海的积美，迁徙至地处山区的湖西，他们的生计模式向农业转换在某种程度上与当时风靡的社会风气相悖，其中所体现的士大夫群体的导向作用是不可忽略的。

明代中后期，海盗、倭寇的人群来源不似明朝初期纯粹，此时出现了一种新的群体——本土通倭之寇。这些本土的通倭海盗所采取的策略不同于此前倭寇的流寇式侵略，他们往往效仿县城、卫城修建堡寨，以对抗官兵剿捕，形成割据局面。如漳州府张维等二十四将之例："据堡为巢，张维据九都城，吴川据八都草阪城，黄隆据港口城。旬月之间，附近地方效尤，各立营垒。九都又有草尾城、征头寨，八都又有谢仓城，六、七都有槐浦九寨，四、五都有方田、溪头、浮宫、下郭四寨，互相犄角。"[①] "嘉靖大倭寇"之乱到万历年间基本平定，这些本土海盗仍然有活动，尤其是万历后期，福建沿海海盗再次猖獗。如"福建漳州奸民李新，僭号弘武老，及海寇袁八老等，率其党千余人，流劫焚毁，势甚猖獗"。[②] 而赵家堡的建立时间，恰处于"嘉靖大倭寇"与万历后期倭寇之乱之间相较平定的时期，《筑堡碑记》中漳浦县的批文中亦提到"值承平日久，土堡颓坏，倘遇警息，其何赖焉"的考虑。

除了海盗、倭寇等出没于海上的威胁之外，山贼、流贼问题也渐趋严重。在明中叶盛行于闽中、闽西的邓茂七暴乱之后，匪患连绵不断，尤其是闽西粤东赣南的交界处："瑞金县壬田寨离县三十余

---

①〔明〕彭泽：《明代方志选（三）漳州府志》卷三二《灾祥志·兵乱》，台湾学生书局，1965年，第661页。

②《明神宗实录》卷五八二"万历四十七年五月戊戌"条，台北历史语言研究所，1962年，第11073页。

里，通车段碛长汀界，乃闽贼必由之路。及有地名新迳，离县七十余里，接会昌蛇山、武平、上杭、白沙等处，地名竹园岭背，与长汀古城隔山，南通桃园峒，俱为流贼啸聚之所。"① 位处漳州府内的山区地区，如诏安、漳浦等县也常被山寇选为据点，也出现了全村村民皆为山寇的情况："二都有大布、景坑，三都有林家巷、西潭村，四都有厚广村、竹港村，皆贼薮也。含英村居海滨，闽粤交界，猖獗尤甚"，"山林险恶，道路崎岖，官司难于约束，民俗相习顽梗……而阄乡抢夺，强凌众暴，视为饮食"。②

面对渐趋严重的山寇、倭寇问题，即便明朝政府的军事防御系统完备，有限的县城、卫城的守卫范围也无法涵盖所有散居在乡野的民众。对此，漳浦人林偕春在倡议民间自行修筑堡寨时指明这一情形："县卫之城，崇在数十里之内，而乡鄙之民，散在数十里之外，仓卒闻贼，扶携莫及，人畜辐辏，乌能尽容？"③ "城郭邈远，居民星散，屯兵则有其地，保众则非所宜。"④ 如此一来，便更不能指望在明朝中后期进一步崩溃的军事防御系统——卫所废置、军队松弛无力，能够解决盗寇问题。林偕春在《兵防总论》中叙述赵家堡所在的漳浦地区卫所的废置情况："其存者则苟且虚名，全无实用。甚至镇海为饶贼所袭，悬钟为倭奴所残，铜山水寨为海寇所焚毁，楼船战具，蓦然一空。"⑤ 这些最靠近漳浦地区的卫所城在面对倭寇问题时的无力，也在客观上为民众自行修筑如赵家堡的堡寨起到一定的促进作用。这些民间防御性建筑，在其后往往成为政府军队驻地，《漳浦县志》中亦提及赵家堡在"国朝迁移时，城守营游击常驻防其

---

① 〔明〕唐世济：《重修虔台志》卷四，天启三年刻本。

② 〔明〕许仲远：《奏设县治疏》，民国《诏安县志》卷一六《艺文》，《中国地方志集成》，上海书店，2000 年，第 824 页。

③ 〔明〕林偕春：《云山居士集》卷二《论·邑志兵防论》，第 33—36 页。

④ 〔明〕林偕春：《云山居士集》卷一《议·防边议》，第 18—19 页。

⑤ 转引自陈支平、赵庆华：《明代嘉万年间闽粤士大夫的寨堡防倭防盗倡议——以霍韬、林偕春为例》，《史学集刊》2018 年第 6 期。

中"①。可见后世地方政府对于明代民间修筑堡寨在军事防御作用上的认可。

　　商品经济发展导致社会风气奢靡浮躁、社会动荡,而朝廷的军事防御系统无法满足由倭寇山贼的严峻情势所带来的军事防御需求,明后期民间由此开始修筑堡寨、自行守卫。该时期修筑的堡寨在抵抗盗寇侵略、自卫防守、保家卫族方面发挥了显著作用。诏安县梅州吴氏家族因海寇修筑堡寨,远近民众前来投奔者,不可胜数:"蒸土为砖而筑之,不期年而城就绪,嗣是以来,雄视屹立,山海群寇不逞出入为灾,皆敛足而不敢犯。闻有倭夷入寇,所在频遭锋刃,吾乡恃以无虞,而远近投生奔命云凑猬集者,又不知几千万众矣。"②

　　民间之所以能够修筑堡寨,有着以下几个条件。首先,在地方政府层面,明中叶以后,朝廷因军费开支、财政腐败所致的财政困难,使其无法为民间筑城提供经济支持。而倭寇问题日趋严重,基于防范盗寇的现实需求,地方政府不得不将具有割据性特征的筑城权力下放至民间。嘉靖二十三年(1544),郑晓因江苏如皋、海门、泰兴三县筑城,向朝廷申请辅助,户部的答复为:"筑城事宜本非本部职掌,而南北直隶、浙江等十三省府州县城池无虑数千,例无取给于户部者。况地方殷富,士民与其积财以资寇,不若输官以备盗。"③地方县城修筑尚且没有朝廷经费可供使用,更遑论民间修筑堡寨。其次,福建当地商品经济发展,民众经济水平普遍提升,这是民间自备工料、经费修筑堡寨的经济前提。在士大夫的倡议下,民间修筑堡寨现象进一步推动,如南京御史赵宸于嘉靖三十二年(1553)建议:"宜行浙、直、福建抚按官,严督所司,建立城垣,

---

①康熙《漳浦县志》卷五《建置志》,第 301 页。
②诏安《吴氏族语·梅池城池记》。
③转引自徐泓:《明代福建的筑城运动》,台湾《暨大学报》1999 年第 1 期。

顺民举事务，堪保障。"① 同年，给事中王国桢提出训练乡兵，修筑如敌楼、栅栏、壕堑等军事防御设施的意见。② 光禄寺卿章焕于嘉靖三十四年（1555）提出："有城堡，则居者守，逃者归，耕者敛；且远近安堵"，"宜令诸乡，大者为城，小者为堡，而聚民其中。城堡罗列，贼必不敢越境而内侵。东南世世之利也"。③ 与此同时，林偕春也在《条上弭盗方略》中将"筑土堡"列为其弭盗的七项措施之一："请敕下有司，凡于城邑之外，有人烟去处，无论一百家、二百家，咸筑为堡垒，望楼鼓角，以次而修，火药器械，如制完具。遇有盗发，即团聚为守，则在我者有所蔽障而无虞，在彼者掳掠将无所得而自远矣！"④ 赵家堡便由属于士大夫群体的赵范、赵义父子二人修建，其修筑堡寨的行为在某种程度上是对同为士大夫的林偕春修筑堡寨倡议的回应，而其修筑时间正值赵氏家族家道中兴之时，家族财力亦足以支撑修筑堡寨之用，地方政府的批文亦给予了赵氏修建堡寨的官方允许，赵家堡正是在这样的背景下建立的。

❧ 赵家堡、诒安堡个案对比 ❧

赵家堡所在地漳州府位于福建西南部沿海地区，为闽粤交界处，东接泉州，西连潮州，可以说，漳州处于闽西与闽南的交界处，地理位置十分重要。漳浦县则处于闽西南山区与闽南沿海地区之间，为重中之重。《漳浦县志》中对于漳浦县的描述为："福建海抱东南，汀、漳外寇内逼，与南赣声势联络，时起兵端，此其治乱，非徒一方机局也。乃其间地接泉、潮，以一邑横制，厥惟漳浦，昔年陈将

①《明世宗实录》卷四〇一，嘉靖三十二年八月壬寅，第16页。
②《明世宗实录》卷四〇一，嘉靖三十二年八月壬寅，第5页。
③《明世宗实录》卷四二九，嘉靖三十四年闰十一月丁丑，第3—6页。
④ 转引自陈支平、赵庆华：《明代嘉万年间闽粤士大夫的寨堡防倭防盗倡议——以霍韬、林偕春为例》，《史学集刊》2018年第6期。

军请建立州治是也。"①

闽西南地区靠近闽粤两省边界,边界地区因地方政府管理上的不便而处在政府控制的边缘区,所以常常滋生动乱。加之此处山区既无发达农业,又无沿海商利,民众迫于生存沦为山寇、流贼的可能性也远高于其他地区,因此这一地区活动的山寇、流贼数量较为庞大。换言之,该地区不仅是山寇、流贼的来源地,也是其进行抢掠的主要活动区域。

赵家堡作为漳浦县民间修筑堡寨的代表,在堡寨建筑方面体现了漳浦的"间地"特征。赵家堡因其独特的山区地形而有别于闽南沿海地区所修筑的堡寨,但其距离沿海地区并不遥远,因此,在贼患方面,赵家堡需同时面对海上的海盗倭寇与山间亦工亦盗的山贼所带来的生存威胁。就赵家堡聚落内部空间而言,其中山体、农田、林地空间所占比重较大。同时,因其面临的贼情更为复杂,建筑依地势修建,背靠山体的南门设计为无法通行之门,内城中的军事防御建筑"完璧楼"所处海拔高于宅舍与府第,在某种程度上能够提供地形上的二次保障,其对于地形条件的利用也更为多样。即便遭遇围困,堡内所拥有的农业、山林等资源也足以应对一段时间。

同样位于漳浦县的诒安堡,与赵家堡一样皆是传统的防御性聚落,防御设施"楼""堡"齐全。诒安堡内的居住人群为黄氏家族。黄氏家族始迁祖即在宋元崖门海战后跟随赵若和至漳浦的黄侍臣,其名黄材。赵氏与黄氏在初到迁徙地并站稳脚跟期间,关系较为紧密,为避免元兵追杀,曾一起联合为黄姓,二族联合情形一直持续到明代初年。

诒安堡由清初位列太常寺卿的黄性震于清康熙二十六年(1687)所建,与赵家堡相似,其主要修筑人皆属于士大夫群体。黄性震于明

① 转引自曹春平:《福建漳浦赵家堡》,杨鸿勋主编《建筑历史与理论·第十辑·首届中国建筑史学全国青年学者优秀学术论文评选获奖论文集》,科学出版社,2009年,第423页。

末曾投身在郑成功部下，而后转投靠清军，曾为清军收复台湾献出"平台十策"，至此其在清朝仕途平步青云。诒安堡之"诒"字便暗喻"平台十策"。诒安堡与赵家堡并称姐妹堡，二者面积相近，赵家堡修建在前，诒安堡的修筑在一定程度上借鉴了赵家堡的建筑形式。

· 诒安堡正门（黄诗怡摄）·

在精神支柱方面，赵家堡、诒安堡都建有武庙，诒安堡的庙宇数量、种类多于赵家堡，其中的庙宇与其家族发展历史密切相关。从防卫建筑角度而言，二者都修建了具有军事防御作用、可在紧急情况下用于临时避难的"楼"，赵家堡因修建分为两个阶段，依次修建了内城与外城，城墙多出一层，城门数量亦多出两门，外城墙正门处设有瓮城，整体上防御层次多于诒安堡。而诒安堡城墙的防御体系则比赵家堡更为完整，配有城壕、垛口、女墙、角楼、东上楼与西下楼等，可谓是攻防兼备。赵家堡并未设立教育建筑，而诒安堡则建造了"私塾—小学—大学"这一体系完备的教育空间，这或许与清朝时诒安堡家族振兴，而赵氏家族走向衰弱相关。赵家堡相较诒安堡的另一特色在于园林空间，家族特色显著。诸如"完璧楼"取"完璧归赵"之意，"汴派桥"取"汴派流芳"之意，皆与赵宋王朝相关，这些建筑名称、建筑构造上所包含的隐喻，反映了赵氏家族对于个人身份认同的强调。作为赵氏皇族后裔，始迁祖赵若和经历了家族从汉文化中心到边缘的王朝灭亡战争，当赵范、赵义父子两人重新振兴家业，入仕为官，再次接触到汉文化中心时，其家族的身份认同在某种程度上受到了挑战，这种挑战源于赵宋皇族后裔的祖先记忆与福建漳浦人的实际身份之间的落差。为应对这种挑战，赵范、赵义两人才在建筑上运用隐喻之法，以强调他们身为赵宋皇室后裔的身份认同。

· 汴派桥（黄诗怡摄）·

　　从福建漳浦赵家堡建堡及赵氏家族历史的微观角度，本文探究了明代民间修筑堡寨的历史背景，分析商品经济发展、"高筑墙"政策的指引、倭寇山贼之患、政府军事防御系统的崩溃对民间修筑堡寨的影响和促进，以及民间修筑堡寨在明代后期所拥有的历史条件。以赵家堡为例，说明了闽西南地区民间修筑堡寨与闽南地区的差异，并将赵家堡与同一地区的诒安堡的内部建筑空间进行对比，展现居于建筑内的人对建筑的特定影响。赵氏家族历史对于赵家堡建筑的这种影响，在于他们代代相传的祖先轶事、理想的身份认同与实际身份的矛盾与落差。正如其处于山海之间的地理位置一般，赵家堡与赵氏族人本身也处于理想与现实之间。

（本节供稿：黄诗怡）

第二节　东山老屋　牵系海外

　　历史记忆的缺失程度与民居建筑的破碎程度息息相关，残破的建筑使得先人分别存活于文字的世界与人们讲述的往事中，而修缮完整的民居背后同样存在着家族记忆的或隐或现。本节以田野调查报告形式为基础，力图还原田野调查与探究现场，讲述华侨建筑与华侨历史记忆之间的交织。

　　东山村因何得名？或缘于"东山"。所谓东山，据嘉靖《龙溪县志》所载，其"在十二三都，其山紫色，端重奇特，山下胡、颜、余、黄诸家多伟人"，又依乾隆《龙溪县志》所述，"东山在城南十五里，俗呼纱帽山，圆净秀特"。然而，今若探访东山其村，耳已不闻东山其名，所通行于世的，乃是"龟山"这一新的称呼。所谓"龟"，暗合县志中"圆净秀特"的评价；而依龟山四周、众星拱月般所建的，则是东山村所辖的数个自然聚落——龟山脚下为东山、许坂、下尾三社；如龟尾般遥悬的，则是仅凭水道连接的内山尾社，以及同下尾对峙的青阳社；至于刘宅，则是1949年以后方才诞生，刘宅之人，迁自东山、许坂，刘宅之村，已隔龟山甚远。

东山村曾经作为侨乡而存在，之所以说是曾经，是因为如今对这边的人而言，出洋的传统已然中断了。曾经东山村的村民会下南洋，前往菲律宾、印度尼西亚与马来西亚等地，但今天所留下的只有关于先人的历史记忆以及同南洋族亲之间残存的些微联系。我们不知道这一下南洋的传统始自何时，倘若村中的传说属实，即龟山殿旁两棵参天的红豆杉树确为华侨所植，又倘若测得的树木年龄（挂牌）较为可信，那么这一出洋的历史，至今已有四五百年之久。不过以目前碑刻所见，东山慕春堂"在垠经营"的时间可上溯至咸丰元年（1851），内山尾阳山宫吕宋诸弟子的捐款时间则推进至道光九年（1829），而下尾神霄宫吕宋诸弟子亦在道光五年（1825）留下了姓名。这些早先的移民在南洋究竟从事什么营生，我们不得而知，所知悉的，唯有他们回来捐给祠庙的"佛银"或是"英银"。除了红豆杉与碑刻，华侨用以形塑历史记忆最为重要的工具，或许便是晚清以来所遗留下来的一系列华侨建筑："大头合仔"（林光合，光绪十五年即1889年卒）在东山上路角一带建造了"九十九间"（"回"字形大厝），许坂的林小庄自印度尼西亚归来，于1927年与1932年相继建造了中西合璧的瑞懋楼，最晚到1958年仍有菲律宾华侨回来构筑起"西河楼"。尽管东山华侨建筑众多，但最为出名的却是"九十九间"与"瑞懋楼"，前者在东山无人不知，后者在许坂无人不晓。两座地标性的华侨建筑成为东山与许坂各自的象征，时常被村民拿来相提并论。两座建筑背后华侨故事的对比，是我们接下来要讨论的主题。

❖ 九十九间　古厝虚数 ❖

"东山村九十九间"乃是对"大头合仔"所建大厝的俗称，土改时的房产证称其为"田洋大厝"；"大头合仔"为林光合的诨名；至于"九十九"，则或为虚数，这种现象在闽南民居古建筑中相对普遍。东美村的曾氏番仔楼也自称"九十九间"（曾振源发达后到东美先盖了大夫第，又盖了番仔楼，大夫第三十六间，番仔楼九十九间），而许坂的番仔楼也有"一百零八间"的说法。不过，对于很多村民而言，他们并不知道什么是"田洋大厝"或是"林光合"，他们只晓得"九十九间"以及"大头合仔"，至于"九十九"，则是村民口中毋庸置疑的确数。我们先来考察一下村民对于"九十九间"的建造以及"大头合仔"的历史记忆。

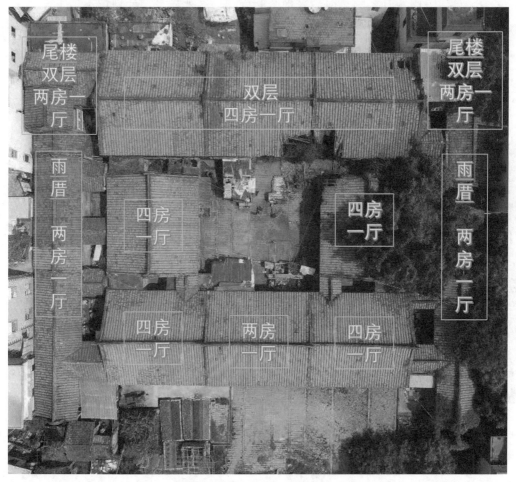

• "九十九间"大厝平面示意图 •

　　"九十九间"大厝的建造者"大头合仔"，似乎本是许坂人（尽管"九十九间"盖在了东山①）。关于他是如何在菲律宾挣到钱的，有说是做长工，有说是养蚕，有说是做水客，说法不一。盖大厝的过程与一条河相关，据说为此专门挖了一条河，村民曾见到一船一船的白银从河道运来，亦有说当时的河道是用来运作为建筑材料的大石条，将石条绑在船底运入，如今厝后河道虽已弃用但痕迹仍存。

　　"九十九间"大厝的格局，民间说法是仿皇宫样式建造，固定九十九间，欲新建一间就得先倒掉一间；建房期间"大头合仔"为了监工回来了几次，之后又去了菲律宾；他原本还想在中间的大埕再建一座八卦楼的，但后来他梦断南洋，客死异乡，计划遂不了了之。而房子便被分给了"大头合仔"的十个儿子，其中只有一个是他亲生的，其他九个都是养子。后人有的便把分得的房子变卖了，

『九十九间』大厝正面（黄诗怡摄）

①此处或缘于东山、许坂在林光合所处年代便已经形成了紧密的村落共同体。

•"九十九间"大厝屋檐的木雕（黄诗怡摄）•

而"大头合仔"的后代确也是星散四方。我们今天看到的"九十九间"，已坍圮得不成样子了。

这些大抵都未尽可信。然而有趣的是，"大头合仔"的形象并不尽然是正面的，而是颇有些许荒诞、戏谑的成分夹杂其间。

我们最终还是确定了"大头合仔"与"林光合"系同一人物；而一旦知晓了"林光合"这一真名之后，我们便由口头的世界进入了文字的世界。文字材料的来源，一个是各地庙宇记有林光合的题捐碑：光绪八年（1882）林光合于东山村下尾社神霄宫"喜捐佛银叁拾大员"（供奉有"姑妈婆娘"，三月二十三日生日，是为妈祖），光绪九年（1883）于东山村内山尾社阳山宫"捐银六十大员"（供奉有保生大帝），同年六月又于埔尾村崇德堂"捐英银式拾大元"（妈祖庙）。"吕宋弟子"林光合在短时间内出手阔绰地给老家及周边的神灵捐款（林光合的名字位于题捐碑中相当靠前的位置），说明了华侨对故里文化设施的慷慨支持，他可能是在这一段时间（1882年至1883年）回来修建番仔楼的。遗憾的是，东山社的村民对于以上这些碑刻材料的价值基本一无所知；对于碑刻所在地（下尾、内山尾、埔尾）的人而言，纵使他们对"九十九间"的传说早有耳闻，但由于对"大头合仔"的真名"林光合"的陌生，使得他们终究无法破译碑刻题名的线索。

而载有林光合其名的碑刻，并不只限于庙宇；林氏大宗慕春堂内，仍有林光合碑刻两方。好在这一次，有海外的知情人参与其中。

•林氏大宗正面（黄诗怡摄）•

文字材料另一个更重要的来源，便是林光合在菲律宾的后人18年前返乡参加祭祖活动；他们所做的，即是"重新发现"林光合于慕春堂内的两方碑刻，向在闽后人揭露其不同寻常的意义。而今天已经漆上金漆的碑刻内容如下：

"尝思修祠造屋，用克绍夫，前徽置业荣宗，乃能垂诸后裔，盖欲妥先灵在天，还归在庙，而思扬大烈，有用终属有财。我族自璧晃公立庙肇祀以来，传二十余世，迄於今重修再筑，不知几经矣。乌革翬飞，虽非大启尔宇，竹苍松茂，实可略壮厥观，斯亦先祖先公之英爽实式凭焉。兹有裔孙光合者，在垠营积，追远念切，报本情殷，愿出佛面银壹仟肆佰捌拾捌两，以充公用，并现置祀田的银贰佰肆拾两，以为祭费。诸族亲嘉其向义，佥议许立禄位叁座，入庙配享，乃以奖劝后人也。从此春霜秋露，感念孔长，因而玉瓒金垒，驳奔匪懈，是为序。同治捌年拾月，慕春堂各家长仝勒石。

"窃以德泽绵长，必赖祖宗之培植流传久远，尤资孙子之维持我（白石头）祖自雁塔开基，云礽蕃衍，基兆尊荣，尤宜崇重。不谓附近隔强迫侵肘腋，族众屡议清厘，力有未逮，遂尔稽迫。迨光绪八年，幸三房裔孙光合由外洋内渡，目击心伤，慨然力任，前后鸣官，移究计縻英银叁千六百元有奇，而有业葬，一律肃清，修葺坍塌，砌筑台基，焕然改观，迥殊畴昔，功至伟也。族中耆长佥议酬劳，俾光合进主大宗，春秋配享，亦古者有功，则祀之意也，爰述其略，镌碑垂后，以为尊祖敬宗者劝。光绪拾伍年菊月，雁塔派下诸家长仝泐石。"

• 慕春堂光绪十五年林光合相关碑刻 •
（黄诗怡摄）

以上碑刻的核心内容，是林光合通过向祠堂捐赠从而获得将神主牌放入其中、得以祀奉的权利。林光合捐赠祠堂之举，他除了完成个人目的，也是反馈乡梓的一种表现，获得配享机会，也能够在地方社会获得大众更好的认可。林光合的个人形象也从口头世界的"暴发户"升格为文字世界尽心宗族发展的"好族人"。同治年间的碑刻所提及的原"禄位叁座"与光绪年间碑刻所载的林光合牌位在时间的磨砺下荡然无存，文字同实物之间的联系被切断，镌刻的"林光合"三字便失去了意义。这一状况直至2001年林光合于菲律宾的后人回到东山才结束，他们让碑刻重新"活"了过来。对于林光合的东山后人，菲律宾的后人给了他们慕春堂碑刻的手抄录文①、林光合于菲律宾的墓碑拓片②、自己回慕春堂祭祖的照片；对于东山的其他人，林光合菲律宾的后人让他们看到：林光合的神主牌又重新进入了慕春堂。前面已经说过，林光合在闽后人对于祖先林光合远不如其在菲律宾后人这般热衷，后者的用意，无疑是重新令前者树立起对于祖先的认同。这里颇为耐人寻味的是，从"九十九间"步行至慕春堂不过十来分钟，而远在菲律宾的后人却要特地抄录一份慕春堂的碑文转交给住在这边的后人，这只能说明一点：文字世界的"林光合"同现实世界"九十九间"的关联在某种程度上随着"九十九间"的破败而被在闽后人隐匿或遗忘，此时便需要这份录文以及配套的其他材料（墓碑、照片）去唤起其记忆。而碑刻本身并不会说话，能传播记忆的，归根结底只能是人本身；菲律宾的华侨虽回到东山，但终将离开，他们需要有人在他们走后继续讲述碑刻的过往、继续将祖先的故事传承下去，而当地最佳的人选，自然是同出一系的后人。于是乎，18年前，这边的林光合后人借助菲律宾的族亲重新认识了自己的祖先，而这一记忆重塑活动的高潮便是东山三房头时隔122年之久后重新将林光合的神主牌置于祠堂正中，受全村林氏共同祭拜。与此同时，碑文中"俾光合进主大宗，春秋配享"也因此有了依凭。

自20世纪70年代开始，"九十九间"大厝的状况便大不如前，住户因为房屋漏雨等原因陆续搬出，此后因为疏于修缮，建筑一再倾颓，"九十九间"右半部分的保存状况，也因为榕树生长蔓延要远比左半部分糟糕。除今天仅存的林光合后人住户外，"九十九间"最晚的户主在90年代便已经搬出，而那些搬出的住户依然如众星拱月一般居于"九十九间"四周。如今看来，亦可见"九十九间"住户

①所用"（香港）茂毅洋行有限公司"纸张。

②拓片不甚清晰，旁边有录文"孝男尚文、□连、尚□、申道，孝孙□□、□当、根深、□□、雷示、□□仝立石。光绪十五年卒"，并注明有林光合生卒年小字"1832—1888""已死亡113年"字样。

构成的繁杂。

当18年前林光合在菲律宾的后人归来讶异于"九十九间"破败如斯时，殊不知早已搬离，本就"各自为政"的原住户们因为"建筑认同"的缺失多已不愿集资修缮；至于他们一心想要重塑的"家族认同"，中断已久，除非建筑本身恢复，否则绝无再现的可能了。毕竟，倘若偌大的"九十九间"都无法凝聚起对于林光合家族的归属感，那么花钱购置的神主牌或是佶屈聱牙的碑刻，便更无办到的可能了。

❖ 瑞懋楼的华侨故事 ❖

相较前文所述的"九十九间"大厝，瑞懋楼的历史并不及那般悠久：1909年，时年15岁的林小庄和13岁的弟弟林小沫漂洋过海来到印度尼西亚，先是开食杂店，财富积累到一定程度后"买下了半条街"，做批发生意。1927年，从印度尼西亚回来的林小庄娶妻之后，先在许坂建造了一间高大的红砖厝作为婚房，同时在苍坂一带经营农场，种植荔枝、龙眼（当年苍坂属于东山，村落多荒地，故前去开辟）；而早年同林小庄一并出洋的弟弟林小沫依然留在印度尼西亚，并且时常对哥哥予以经

•瑞懋楼为福建省文物保护单位（黄诗怡摄）•

济援助。1932年，资金充裕的兄弟二人开始实施番仔楼的构建计划，所谓"番仔楼"，"番仔"二字在此处并非贬义，仅指就建筑样式而言为典型的西式建筑；两层洋楼另加上一层充为茶室的阁楼，仿教堂样式的立面上方再建有高耸的中式宝塔形大屋顶，使得瑞懋楼在当地俨然有鹤立鸡群之感；左右两座护厝，并上先前的旧宅，外加门房外

墙，共同构成了封闭的二重院落。尽管瑞懋楼较"九十九间"占地更小，但内外墙壁整面装饰的欧洲进口彩色瓷砖以及做工繁复的石栏与铁艺，使得建筑整体的视觉呈现丝毫不输给"九十九间"。

至于番仔楼中小庄、小沫家族的历史，尽管不及光合家族的历史那般遥远，但同样存在家族后人历史记忆的选择性遗忘。笔者比较新修族谱与其后人口述的世系，发现小庄家族世系部分缺损，而小沫家族世系则严重缺损。

1931年至1949年期间，关于瑞懋楼的信息多有缺失，我们了解到的是小庄的长子林瑞兴当上了角美镇的镇长，他一共娶了三个妻子，其中正妻祖籍石厝，系南洋带回，识得印度尼西亚文字；在此期间，小沫虽然从未回来，但两边一直都有密切的书信往来。1943年小庄去世。1950年土改时期，小庄后人的政治成分被划为地主，瑞懋楼遭没收，一家人搬至旧厝；长子瑞兴被遣到苍坂农场参加劳改，1953年因积郁而死，瑞兴一家改由其正妻当家。还是在1953年，小沫家中部分成员迁居香港，其中就包括至今还有联系的"香港九叔"。1954年，家族被重新划为华侨地主，1955年改为工商业者，瑞懋楼被收回。

· 瑞懋楼正面（黄诗怡摄）·

　　尽管东山村依山而建、因山得名，但在以上的叙述中我们所见的乃是东山村村民与海的联系。今天的东山已然望不见大海，但曾经的东山据说尚有同海连接、一并涨潮落潮的水道；只可惜水道已经不在，一如东山村中断的出洋传统。尽管东山村村民不再出洋，但关于华侨的历史记忆却依旧延续。对于绝大多数普通人而言，当年的祖辈在海外奔波劳碌、备尝艰辛的同时，留在老家的妻子却不得不背负家庭生计的不确定性，后者日后成为华侨故事的讲述者，不知不觉中为华侨历史蒙上了一层阴影，并最终导致后人选择性地遗忘这些有些"失败"的先人。

· 瑞懋楼墙面的西洋瓷砖（黄诗怡摄）·

　　然而，那些极少数的成功者却凭借兴建的华侨建筑存留在了人们的记忆当中；当然，这依然是有选择的记忆。东山"九十九间"的建造者林光合，在村民口中以扑朔迷离的"大头合仔"身份存在，而他的真名"林光合"则被他的东山后人刻意隐瞒；维系光合记忆的"九十九间"在土改中遭到瓜分，鱼龙混杂的住户、支离破碎的产权导致光合家族认同的分崩离析；18年前林光合在菲律宾的后人归来，意欲重构这一家族认同却以失败告终，"九十九间"的建造者因后人的漠然流于传说一样的存在。

　　与之相比，许坂的林小庄、林小沫兄弟则在筑就瑞懋楼的同时，共同缔造了许坂（庄）与印度尼西亚（沫）之间紧密的家族网络，尽管许坂的小庄后人，亦即瑞兴、瑞利二房为了实现对番仔楼产权的绝对占有，在某种程度上边缘化了小沫家族的其他成员，但是在他们将自己同瑞懋楼绑定之余，也必然继承了关于南洋小沫的家族记忆。尽管记忆可以通过族谱、碑刻、照片、神主牌，甚至是建筑等载体加以保存，但唤醒这些载体中华侨记忆的永远只有人，事实上，活生生的人永远都是记忆最为重要且最为根本的载体。

　　今天，意欲还原东山村绝对的"历史真实"似乎已经是一个不可能完成的任务，但好在我们通过作为人文载体的历史建筑物来进行调查，使得我们多少了解到华侨记忆的某种形成方式——华侨史归根结底依然是家族史，华侨记忆归根结底是家族认同：时间与空间的巨大张力撕扯着家族成员之间的关系网络，同时将家族纽带的作用发挥到了极致。在时空的考验之下，一些家族认同消失，一些家族认同却依然维系，于是乎，华侨被忘却了，华侨被记忆了，这类故事或许并不限于东山。

（本节撰稿：雷智淋、黄诗怡、郑梅婷）

第三节　兰琴古厝　老树生春

　　在厦门中山路的大字酒巷里，隐藏着这样一间闽南古厝，它与闹市仅一线之隔，却分外幽静，房屋之中沉淀着历史的深厚。第一眼，你可能会惊讶于它的历久不衰，走进去，你会发现它的别有洞天。兰琴古厝据传始建于明万历年间，中堂悬挂着朝廷赏赐的"闽南戴德"牌匾，足以体现当时主人的高洁品质。四百多年来，兰琴古厝虽几度易主，但主人对于闽南文化的珍惜与保护之心，却随着这块牌匾代代流传了下来。2006年，厦门收藏界人士蔡耀辉成为兰琴古厝新的主人。出于对传统民居的爱惜，蔡先生召集了精通闽南古民居建筑的工匠，历时七年，才逐渐完成对兰琴古厝的修缮。这座古雅的闽南民居建筑，在时间和情怀的养护中，变成中山路一道靓丽的风景线。

❧ 保留古厝格局，修旧如旧 ❧

　　修缮古厝，最重要的是对其历史原貌的保留。梁思成先生曾在他的《修理故宫景山万寿亭计划》一文中提出："修理古物之原则……均宜仍旧，不事更新。其新补梁、柱、椽、檩、雀替、门窗、天花板等，所绘彩画，俱应仿古，使其与旧有者一致。"兰琴古厝的修复，可以说是很好地体现了"修旧如旧"的原则，尽可能地尊重古厝原有的设计，保留了整体布局、房间功能及雕刻细节。

　　闽南民居建筑，自古讲究的是"外华内美"的建筑风格，房屋

•古韵盎然（兰琴古厝供图）•

外围设计华美，以红砖、石雕、"水车堵"、剪瓷等构件打造锦绣景观，屋内设计精巧别致，用家具、摆件彰显生活意趣。这与闽南人早期经商，讲究踏实勤奋、真诚实干的性格相关。

兰琴古厝的外墙，保留十分完整，红砖半墙清晰可见，仔细观察，仍然可以看到每块红砖上印着的图案。墙上左右各嵌入一幅青草石雕，图案栩栩如生，寓意平安吉祥。屋顶中间的燕尾脊，两端高高翘起，红色与蓝色的漆，带着自然风化的痕迹，与鲜艳的剪瓷交相辉映。

兰琴古厝是闽南传统的二进三开红砖大宅院，走进屋内，一方天井打开了明亮的视野。厅房内，已有上百年年岁的木雕仍保存完好，栩栩如生。酸枝木的家具，精巧的摆件，无不体现主人对房间陈设的用心。真正的兰琴古厝"藏"在正房，门口的楹联蕴含着数百年来人们对于家族兴旺、长居久安的美好期待。里面的家居陈设，和百年前几乎无异。走入其中，能更真切地感受到兰琴古厝蕴含的历史韵味。

目光所及，都是岁月的痕迹。灯梁上的图案虽然变得暗淡，主人却没有急于拆除，而是装上了精美的吊灯，使其重焕生机。

· 门庭古色古香（段文昕摄）·

· 外墙雕塑（兰琴古厝供图）·

　　修旧如旧的方式，保留了兰琴古厝的历史和艺术价值，一段凝固的历史，在人们面前缓缓展开。

❖ 修缮百年建筑，并非易事 ❖

　　燕尾翘脊、红墙飞檐、斗拱雕琢、金匾彩绘，这些独具匠心的闽南元素，增添了古厝的建筑艺术之美，也带来了更高的修复难度。据说，当初建造这座宅第时，所用木雕、白石都由漳州和泉州运来，红砖金瓦从江西运来，梁木地板等则来自闽江上游。

　　为了呈现古厝的原貌，蔡先生始终坚持用旧的工艺、旧的材料来修复兰琴古厝。在修缮建筑的七年间，为了找到熟悉闽南古厝建筑技艺的工匠师傅，挖掘与原建筑相贴合的建筑材料，蔡先生寻访了许多地方，一砖一瓦地重新搭建起现在的兰琴古厝。

　　对于古厝内已有的建筑样式，蔡先生从来不画蛇添足。例如，有些古厝会依照现代审美，将原有的木质门窗全部刷成朱红色，这种粗糙的仿古方式，不但破坏了木头的原色之美，更会遮盖它们百年以来形成的天然包浆。蔡先生不无遗憾地说：木头是会"呼吸"的，一旦刷上厚重的油漆，木头很快就会腐烂。因此，兰琴古厝内的雕刻、门窗等，都保留了木头原始的状态，经过时间的洗刷，虽然偶有裂痕、破损，依然风采不减。

　　修缮百年古厝，需要时间，更需要情怀。寻找适合的材料的过程，正是闽南人对传统文化回溯的历程。古建筑中的装饰往往成双成对，如门口的石敢当，墙上的装饰画。梅兰竹菊图，缺了一张都不成景色。在这个探索、寻找的过程中，蔡先生愈发体会到人与建筑的自然关系，也渐渐感悟到祖辈流传下来的生活信念。建房如同做人，尊重传统文化，才能尽善尽美。

·花团锦簇（段文昕摄）·

·门扇雕刻（兰琴古厝供图）·

·青石门当（兰琴古厝供图）·

·"平安"石雕（兰琴古厝供图）·

❧ 重现历史盛景，对话古人 ❧

从明万历年间到今天，兰琴古厝虽历经四百多年的洗礼，却并没有呈现破旧的姿态。在主人的悉心修复下，兰琴古厝恢复了闽南民居在历史鼎盛时期的风貌，屋顶卷翘舒展，斗拱雄健有力，门窗灵动精致，梁柱体现力与美的统一。在不破坏原有格局的基础上，主人更以装饰增色。如精致的漆器，斑斓的灯饰，鲜艳的瓷器，上乘的家具等等，细节处处是巧思。走进这段凝固的历史，人们可以触碰到真实的历史温度，与古人对话。

古人好以茶会友，为此，兰琴古厝在内新建了几个茶室，客人可以在此品茶艺，学茶道。《说文解字》中云："茶，苦菜也。"在茶别样的"苦"中，人们学会品尝历史的回甘。

主人说，古厝内的每一个房间、每一处装饰都深藏意蕴。天井中央摆放着一个汉白玉与石雕相结合的莲花盆，象征阴阳之道。两侧各有一棵面朝东的桂树，寓意紫气东来。兰琴古厝承续了古建筑中朝向、文化的设计巧思，通过呈现古代建筑及生活方式，留住了闽南古厝的百年韵味。

正是这一步一景的精巧设计，使得兰琴古厝的美变得立体多元起来。这不是一个沉闷、平面的博物馆，而是一个充满生活气息的历史空间。坐在这里，人们会开始不自觉地畅想，数百年前的古人，是否也像这样生活。

•柱础（兰琴古厝供图）•

· 厅堂雅韵（段文昕摄）·

· 古厝厅堂摆设（一）（段文昕摄）·

❧融入现代元素❧

　　古厝在传承，对古厝的建设也在不断地传递之中，蔡先生将创新的任务交给了儿子蔡晟。近年来，蔡晟运用现代思维，对古厝做不具破坏性的改造，并开放了部分空间作为民宿。"以房养房"的运营策略，不仅保留了古厝的历史风貌，更赋予其实用的意义。

　　为了提升旅客的体验感，在不迁移原有天井的基础上，改建室内的茶室与休息厅。装上了空调与自动门，旅客一进来，就能与室外的严寒酷暑隔绝，进入古厝内的别有洞天。旧有的窄小过道，被改造为洗手间，美观且实用，不起眼的角落被利用起来。除了改造原来的空间，厅房的后

· 古厝厅堂摆设（二）（段文昕摄）·

面还新建了榻榻米式的茶室。日式风情和古典建筑交融，让旅客惊叹于兰琴古厝多面的美。

厝内处处点缀着从台湾、日本运来的小型盆栽，天井两旁精心栽植着雪松。这些跨越了不同海拔、纬度的植物，俨然为兰琴古厝增添了活跃的生命力。

从布局到装饰，兰琴古厝既有恢宏的气势，也有细节的雕琢。现代化的运营，让更多的旅客通过网络发现了这座辉煌百年的闽南民居建筑。目前，古厝内有少量的房间用作民宿，兰琴古厝成为一个新的交流平台，彰显了闽南风格，也吸纳了多元文化，这正是闽南民居建筑包容、开放之特点的现代体现。

·古厝新景（段文昕摄）· ·意趣相融（段文昕摄）·

❧ 让时空隧道成为可能 ❧

兰琴古厝再现了数百年前的闽南文化生态，中国旅客到此，能体会闽南文化的一脉相承，外国旅客入此，更会惊叹于中国历史之美。在众多仿古的商业化建筑中，兰琴古厝仿佛开辟了一个时空隧道，从真正的历史古迹中，探寻四百多年前的古人生活。

不少外国旅客，虽然有着文化差异，却能挖掘出兰琴古厝的独特。他们发现，与建在室外的教堂不同，闽南民居中的佛龛、祖宗牌位往往供奉于室内。闽南人对于祖先的敬仰之情、守护之心，可见一斑。

据主人说，旅客们在离开时，常会许下兰琴古厝"好好保存"的美好祝愿。可见，这栋传统闽南民居建筑，不仅保存了历史的记忆，更勾起了现代人的怀旧情怀，使得闽南古厝在现代仍散发着熠熠光辉。

（本节撰稿：段文昕）

·后 记·

　　岁次庚子，时当三伏，暑热难耐的时候，让键盘快速地飞舞起来，再次将多年的积稿进行细致的梳理，厦门大学2020届毕业的学子在百年校庆前夕、临别母校之际，留下参与编纂《闽南民居探秘》，成为这些学子难忘的一段印迹。

　　《闽南民居探秘》一书，早在数年前就进入草创阶段，力求以独特的视角、思辨的精神和第一手的材料呈现出闽南民居建筑的古韵诗意和深含的哲理，探秘其文化内涵和人文轶事，故数易其稿而斟酌不已。为此我们深入田野并多次求教曾经亲自施工的老师傅，以了解营造真谛。同时，更注重用脚步丈量古厝，并揭示人文轨迹。这期间，林诺、苏雪芳、余晨辰、宋瑞、周立等同学多次参与，究兴起之由，通民俗之义。

　　及至庚子定稿之际，段文昕、黄诗怡、刘慧琪、许天健诸同学奋力而为，以民居建筑文化之泓涵演迤，抽丝剥茧，使之纲举目张。六篇十万余言，分立探秘、体验、管窥三篇，整体中看点明晰，由宏观而入微观，且管窥篇中赵家堡与东山古厝部分由黄诗怡同学等自主完成，段文昕同学独立完成《兰琴古厝　老树生春》。

　　草创虽成，稍显粗糙，此后陈霖暄、张金波两位同学参与润色与补充，而意外的是润色之稿存盘遗失，完璧再缺，岂不怅然。而所幸者，辛丑书将付梓之际，历史系研究生刘心怡同学以侠心而济急，争朝夕以补漏，寻坠绪，旁搜远绍，再次挥汗，补篇章之缺失，增图片以衬文，使此书架构完整，意蕴隽永。

每忆编撰之历程，总难免有遗憾随之。蓦然回首，有些当年亲历体验过的古厝，在脱稿之际屋已拆除，只能在书中留下沧桑之影，或许现实中未能保留，姑且凭一册书籍载其芳踪，但这岂是人们的希冀？书中篇末，以"继往开来尚求索"为题，举例留存而新生者，深入其微、拓宽研究，冀古厝可与时代切合，再发生机，是本书之所望也。

一路走来，总觉时光荏苒而笔锋迟钝，截稿之际又有履薄临深之感，以民居承载历史人文之厚重，深恐未逮其精华，故疏漏难免，深望有识之士不吝赐教，批评指正。

卢志明　陈　瑶
于辛丑中秋